普通高等院校土建类专业系列规划教材

画法几何与工程制图习题集

主 编 魏 丽 张裕媛

参 编 刘继海 郭俊英 张 威

北京理工大学出版社
BEIJING INSTITUTE OF TECHNOLOGY PRESS

内容提要

本书是与张裕媛、魏丽主编的《画法几何与工程制图》教材配套使用的习题集，内容包括制图基础、正投影法的基本概念与理论、基本几何元素的投影、基本几何体的投影、被截切基本几何体的投影、两立体相贯、轴测投影、组合体、剖面图与断面图、建筑施工图、结构施工图、设备施工图、机械工程图的习题和作业。

本书可以供普通高等学校土木工程类、非机类各专业的工程图学教学使用，也可以供函授大学、职业大学、业余大学、电视大学和高等教育自学考试的读者使用。

图书在版编目(CIP)数据

画法几何与工程制图习题集 / 魏丽，张裕媛主编.—北京：北京理工大学出版社，2018.6

ISBN 978-7-5682-5717-6

Ⅰ.①画… Ⅱ.①魏… ②张… Ⅲ.①画法几何–高等学校–习题集 ②工程制图–高等学校–习题集 Ⅳ.①TB23-44

中国版本图书馆CIP数据核字(2018)第107694号

出版发行 / 北京理工大学出版社有限责任公司
社　　址 / 北京市海淀区中关村南大街5号
邮　　编 / 100081
电　　话 / (010)68914775(总编室)
(010)82562903(教材售后服务热线)
(010)68948351(其他图书服务热线)
网　　址 / http://www.bitpress.com.cn
经　　销 / 全国各地新华书店
印　　刷 / 北京紫瑞利印刷有限公司
开　　本 / 787毫米×1092毫米　1/16
印　　张 / 15
字　　数 / 176千字
版　　次 / 2018年6月第1版　2018年6月第1次印刷
定　　价 / 39.00元

责任编辑 / 高　芳
文案编辑 / 赵　轩
责任校对 / 周瑞红
责任印制 / 李志强

图书出现印装质量问题，请拨打售后服务热线，本社负责调换

前　言

本书是与张裕媛、魏丽主编的《画法几何与工程制图》教材配套使用的习题集。

为了便于教学使用，习题集在编排顺序上与教材保持一致，教师可以根据本校各专业的培养方案和教学计划按需使用。

本书依据教育部高等教育司颁布的《普通高等学校工程图学课程教学基本要求》以及住房和城乡建设部颁布的《房屋建筑制图统一标准》（GB/T 50001—2017）等有关专业制图标准，并结合编者多年教学经验编写而成。题目由易到难，题量较大，以便于教师在教学安排上有选择的余地，同时也可供学生自学时作为练习题使用。

本书由天津城建大学魏丽、张裕媛主编，编写组成员的分工如下：张裕媛编写第1、4、7、10、11章；魏丽编写第2、3、8、9章；张威编写第6章；刘继海编写第12章；郭俊英编写第5、13章。

本书经天津城建大学刘继海教授审阅，并提出了许多宝贵意见，在此表示衷心感谢。

限于编者的水平，书中难免有不足之处，热忱欢迎同仁和读者批评指正。

编　者

目　录

学习指导（一）

一、目的

1．学习如何使用三角板、丁字尺等绘图工具。

2．熟悉平面图形的作图方法、步骤以及尺寸标注。

3．学习如何利用绘图工具使图线清晰、线条粗细均匀。

二、绘图要求及注意事项

1．图纸：A3幅面，标题栏如右下角所示。

2．图名：线型练习。

3．比例：1-1题按照图中所标尺寸及绘图比例进行绘制；1-2题按1：1比例绘制。

4．绘图步骤及要求：

（1）固定图纸：使图纸下边与丁字尺的工作边基本对齐，用胶带固定。

（2）均匀布图：根据图形尺寸及绘图比例，计算出每个图形的大小，包括尺寸的位置，在图纸上均匀布图。

（3）绘制底稿线：用2H铅笔，在图纸上用轻、细的线条绘制底稿线。

（4）加深底稿线：经检查无误后，用2H、HB、2B铅笔按图形加深底稿线，将粗线、中线、细线分清楚。要求同一种线条粗细均匀，虚线、单点画线的线段长度和间隔应相等。

（5）材料图例的45°斜线应用细线、等间隔绘制。

（6）标注尺寸：按照制图标准规定（详见教材第1章）先画尺寸界线、尺寸线、尺寸起止符号，然后按照注写数字和文字的顺序标注尺寸。

（7）字体要求：汉字用长仿宋字，图名采用7号字，尺寸数字用3.5mm的长仿宋字。

（8）填写标题栏：用工整的仿宋字填写标题栏。

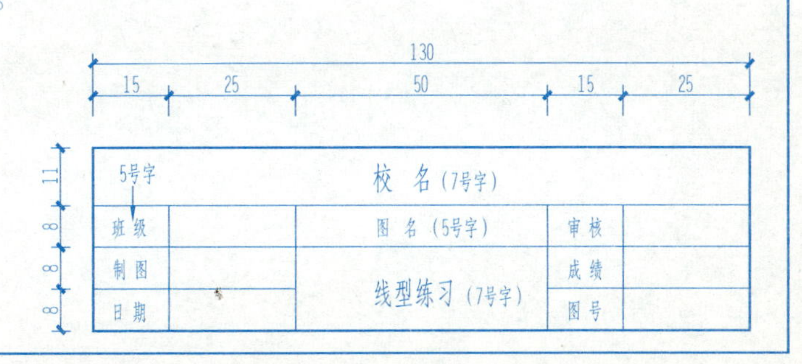

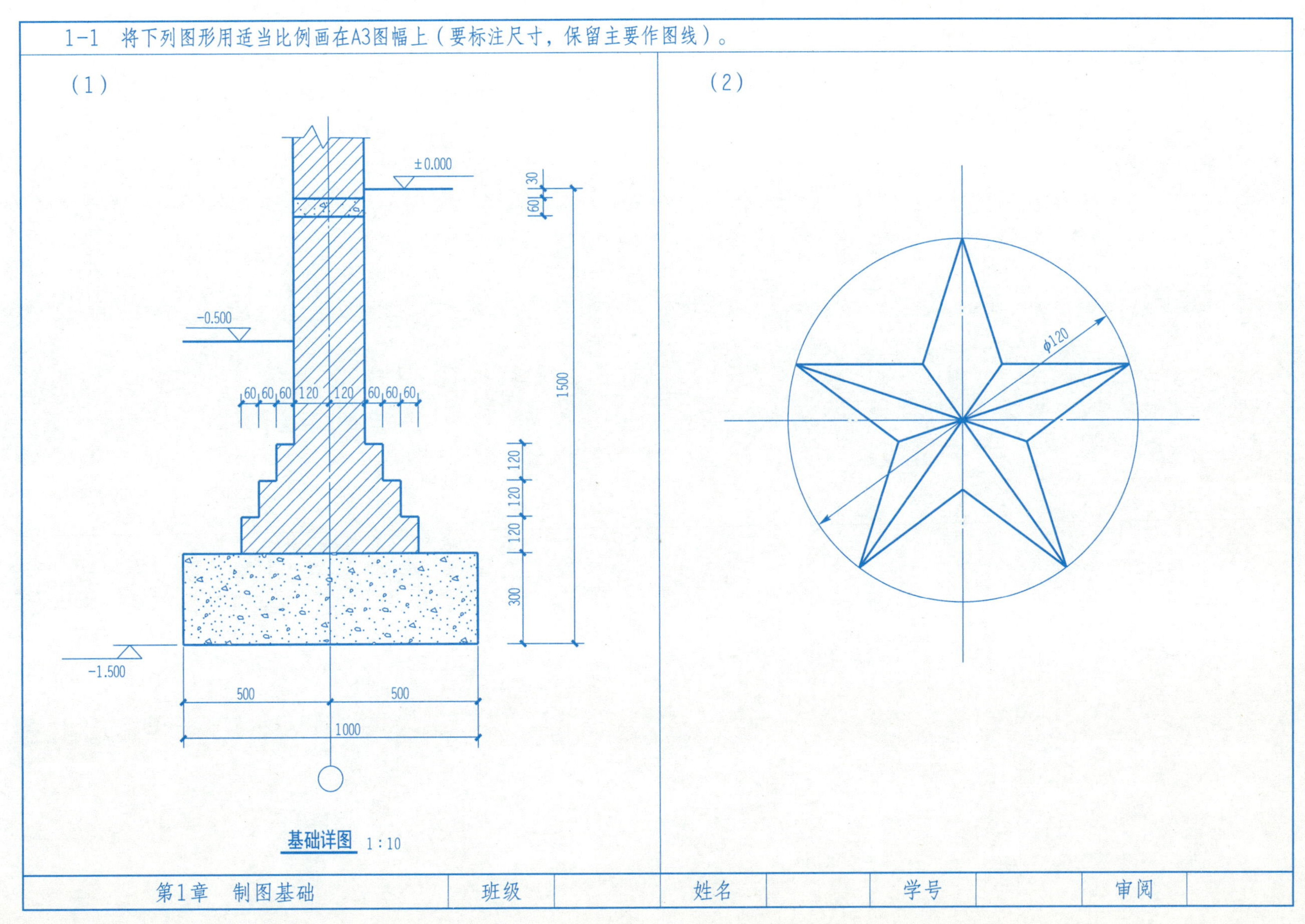
1-1 将下列图形用适当比例画在A3图幅上（要标注尺寸，保留主要作图线）。
(1)
±0.000
-0.500
-1.500
30
60
1500
60 60 60 120 120 60 60 60
120
120
120
300
500
500
1000
基础详图 1:10
(2)
φ120
第1章 制图基础
班级
姓名
学号
审阅

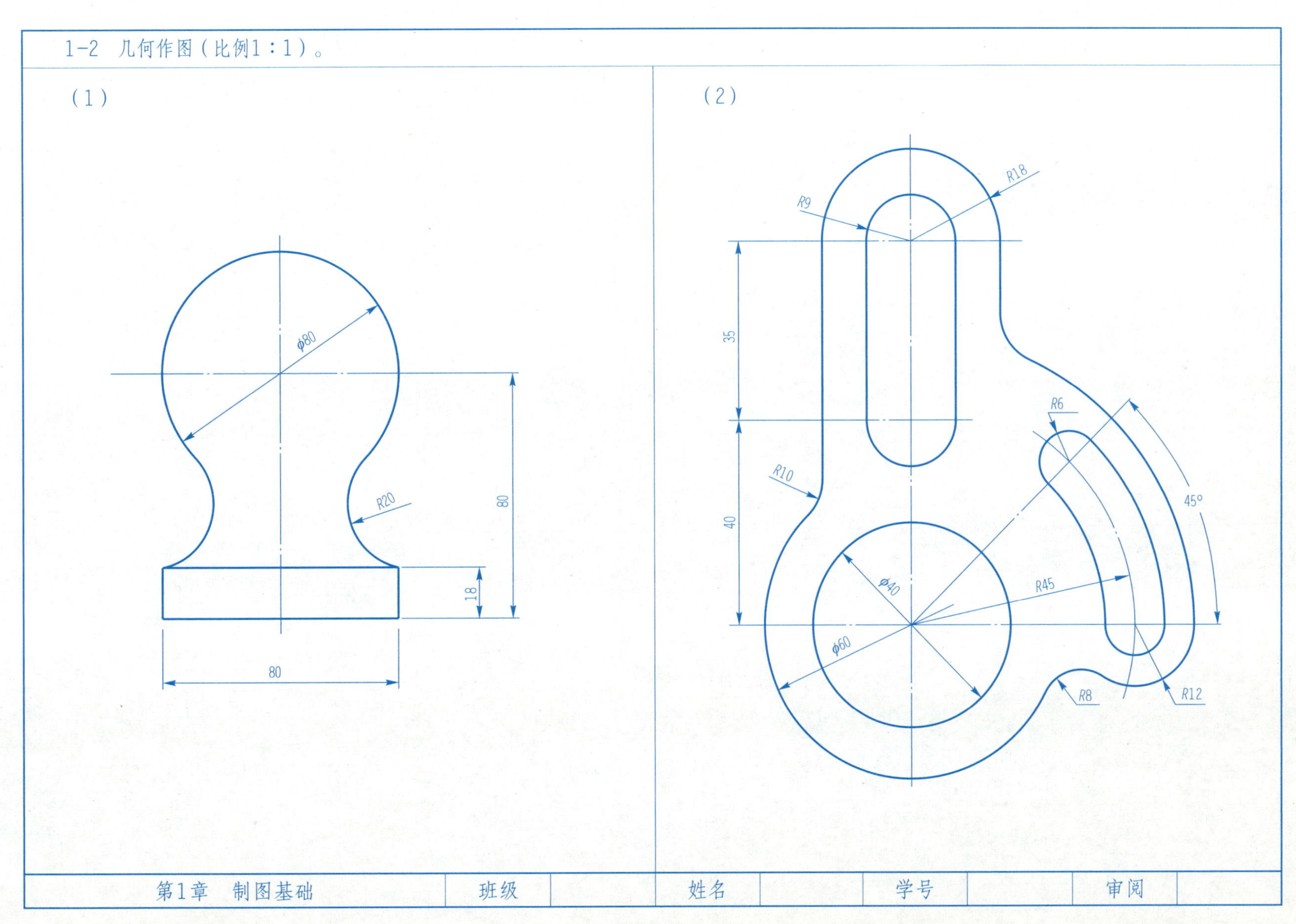
1-2 几何作图（比例1：1）。
（1）
φ80
R20
80
18
80
（2）
R9
R18
35
40
R10
R6
45°
φ40
R45
φ60
R8
R12
第1章 制图基础
班级
姓名
学号
审阅

2-1　画基本形体的三视图（图中箭头方向是V面投影的投射方向，尺寸用1：1的比例从立体图上量取）。

(1)

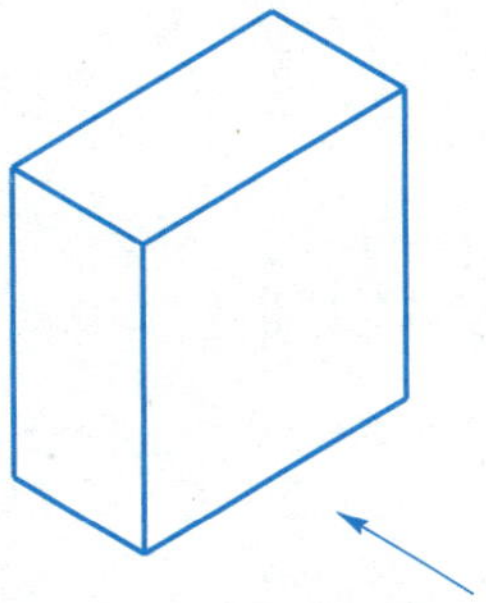

(2)

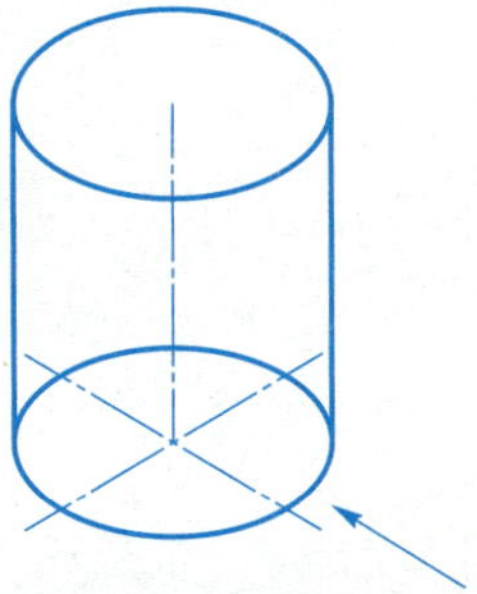

(3)

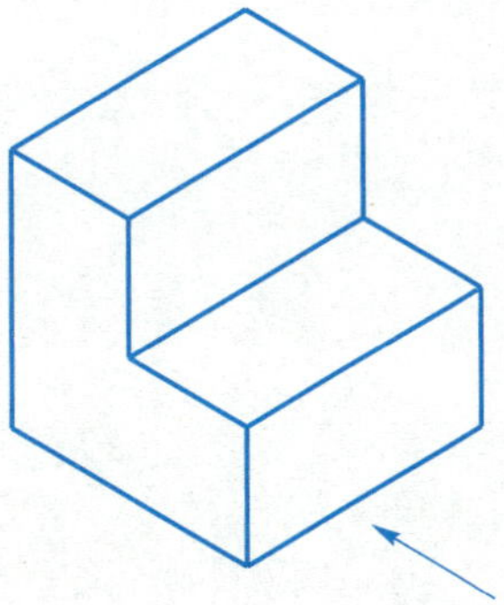

(4)

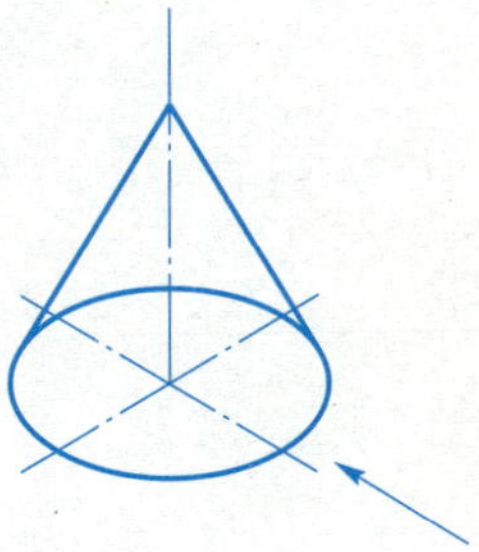

(5)

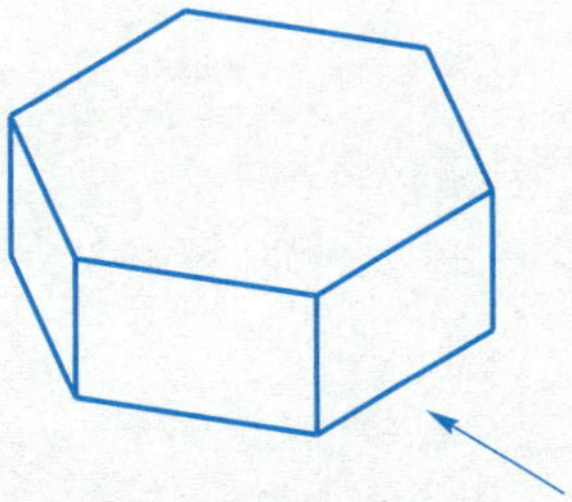

(6)

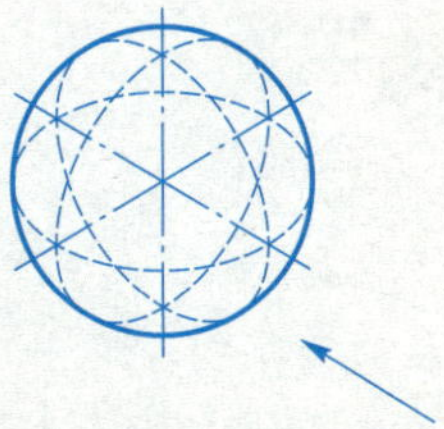

第2章　正投影法的基本概念与理论	班级		姓名		学号		审阅	

2-2　参照立体图完成体的三视图（尺寸用1：1的比例从立体图上量取）。

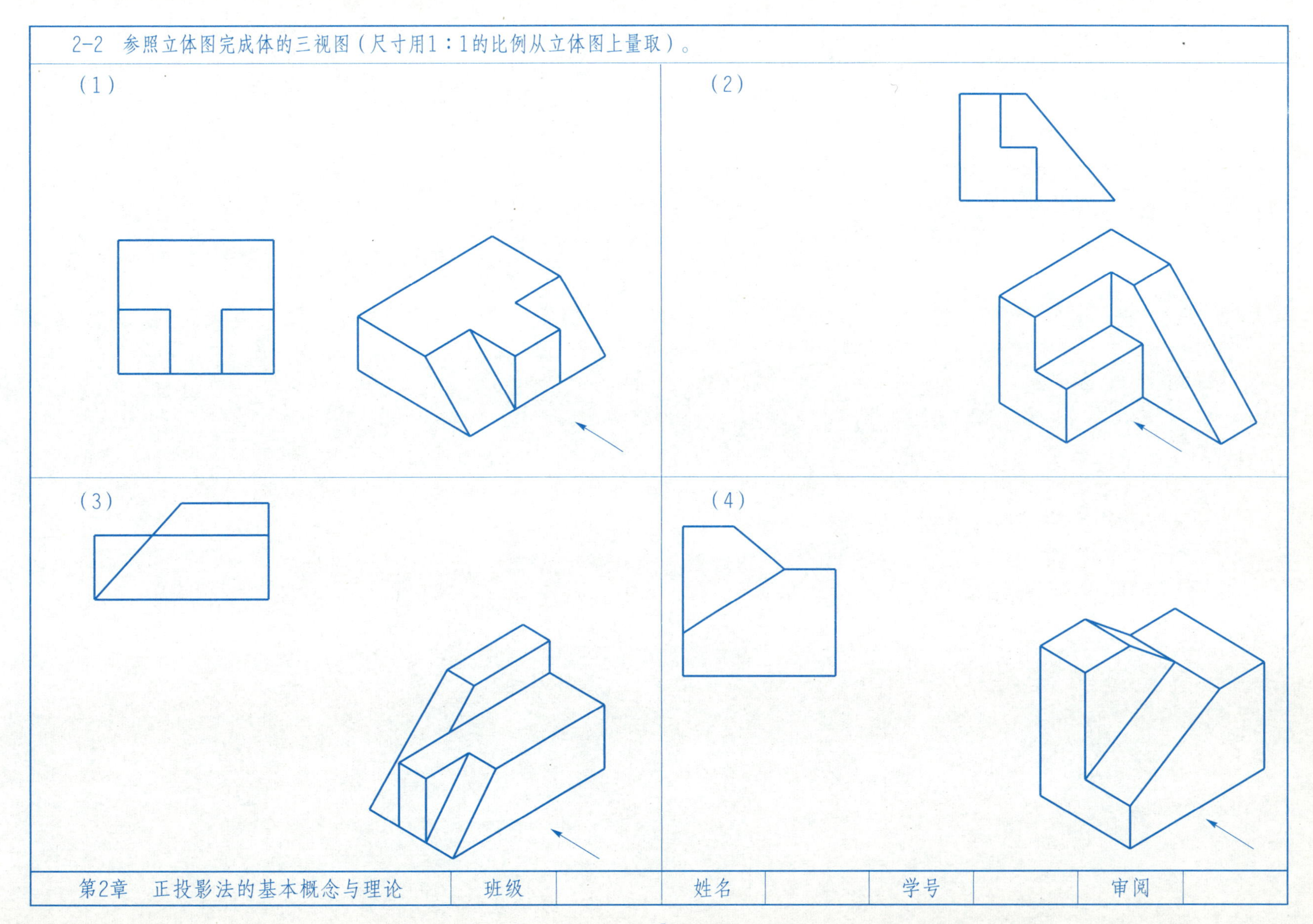

第2章　正投影法的基本概念与理论	班级		姓名		学号		审阅	

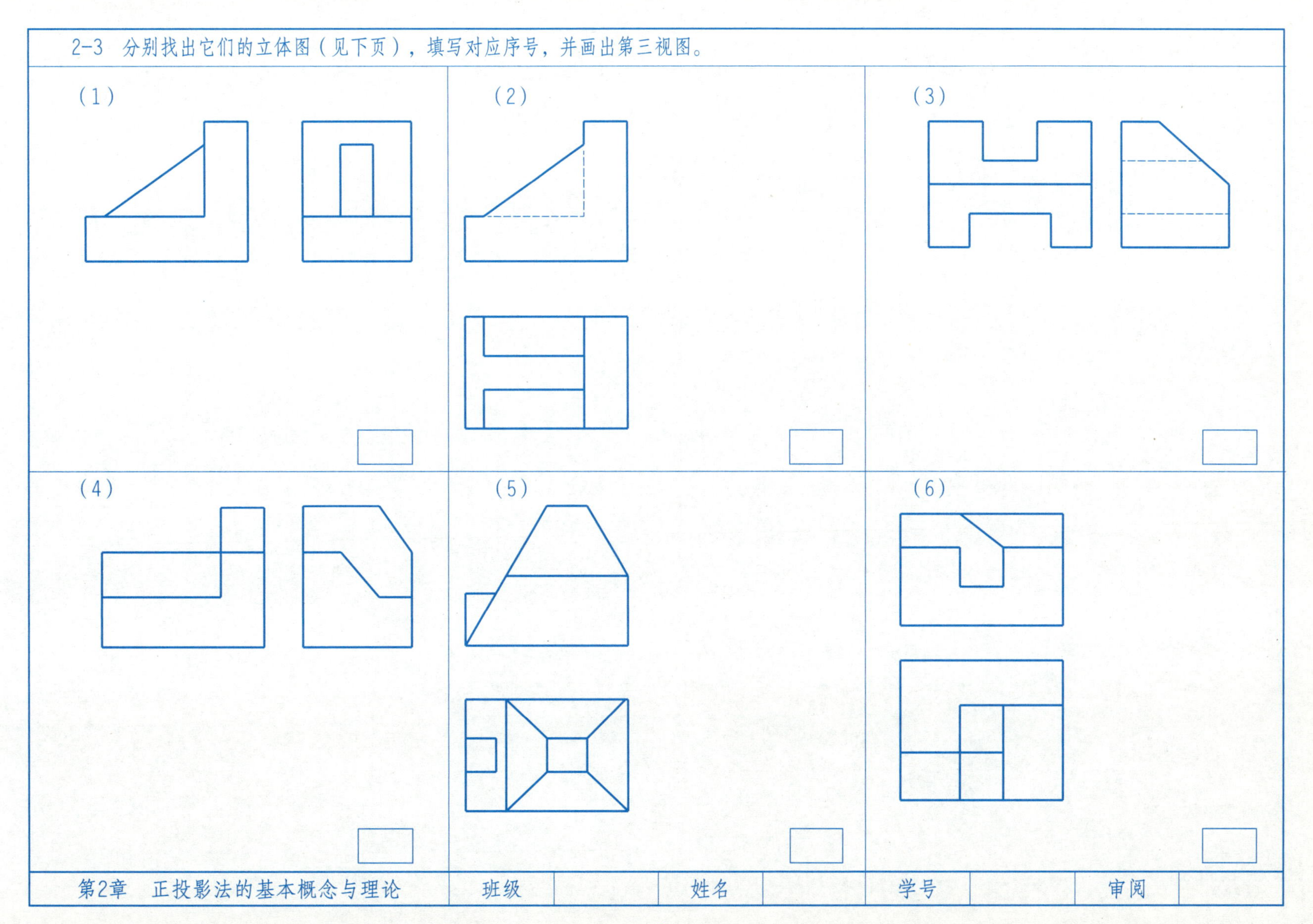
2-3 分别找出它们的立体图（见下页），填写对应序号，并画出第三视图。
(1)
(2)
(3)
(4)
(5)
(6)
第2章 正投影法的基本概念与理论
班级
姓名
学号
审阅

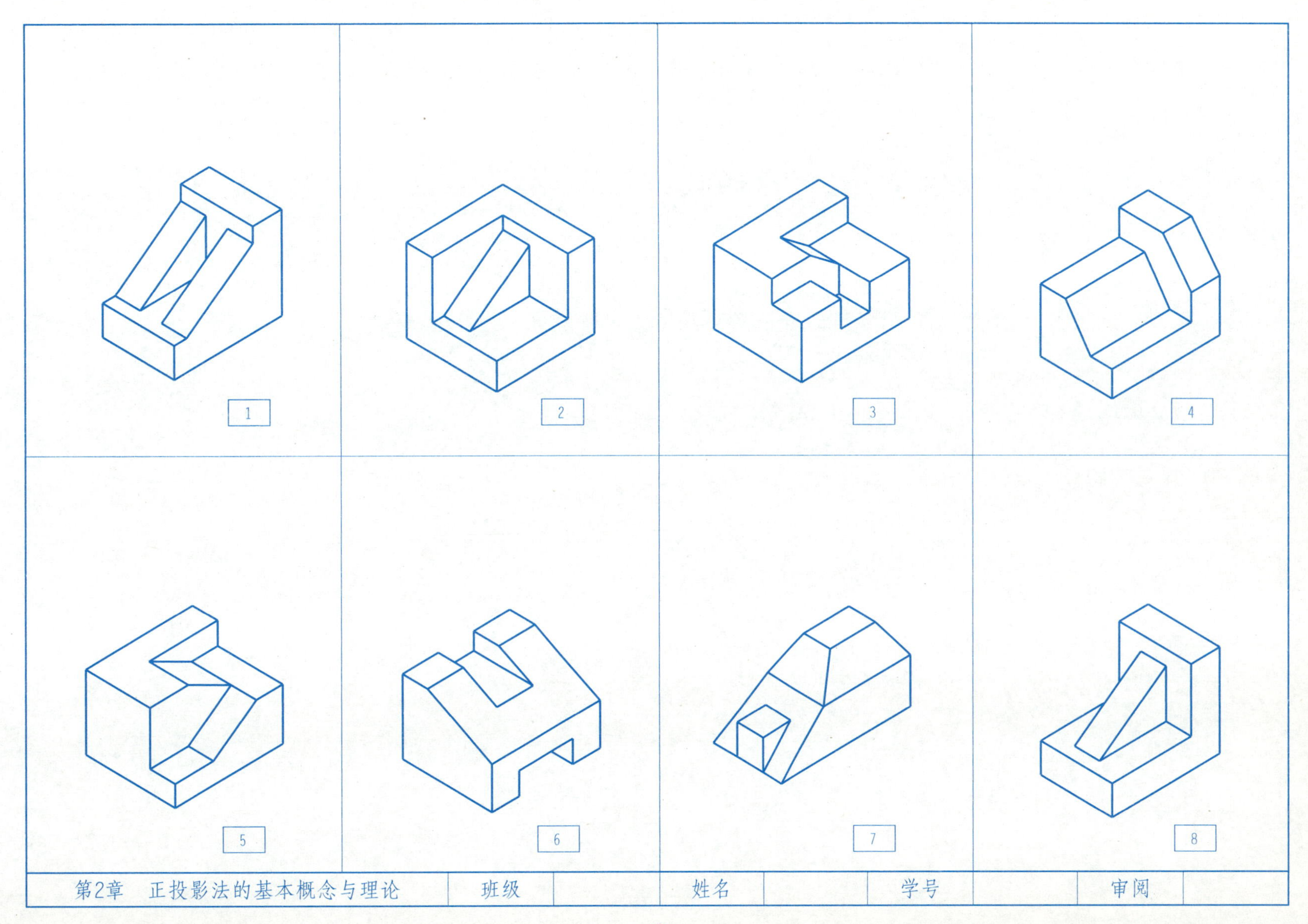

第2章　正投影法的基本概念与理论	班级		姓名		学号		审阅	

2-4 求作第三视图。

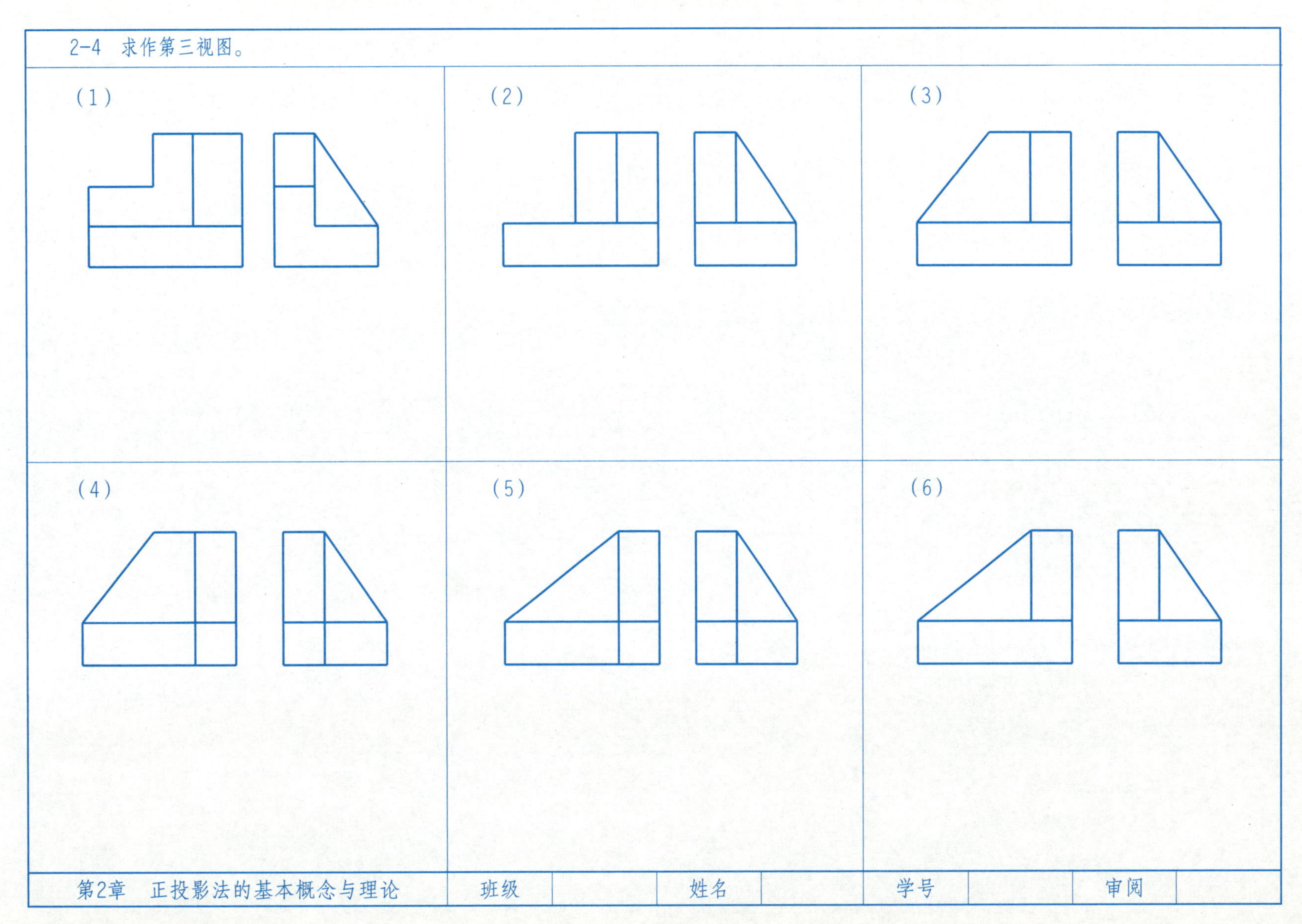

班级		姓名		学号		审阅	

3-1 根据A、B、C、D各点的立体图，画出其投影图，并在表格内填上各点到投影面的距离。

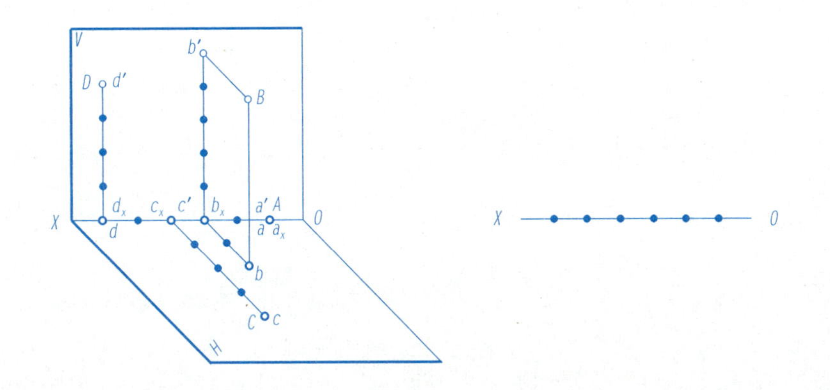

点	距V面（单位）	距H面（单位）	所在位置
A			
B			
C			
D			

3-2 已知各点的两面投影，求第三面投影，并在表格内填上各点到投影面的距离。

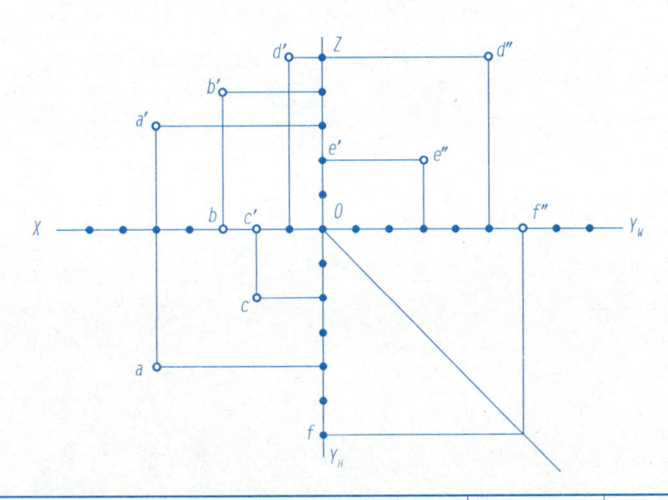

点	距V面（单位）	距H面（单位）	距W面（单位）	点	距V面（单位）	距H面（单位）	距W面（单位）
A				D			
B				E			
C				F			

第3章 基本几何元素的投影	班级		姓名		学号		审阅	

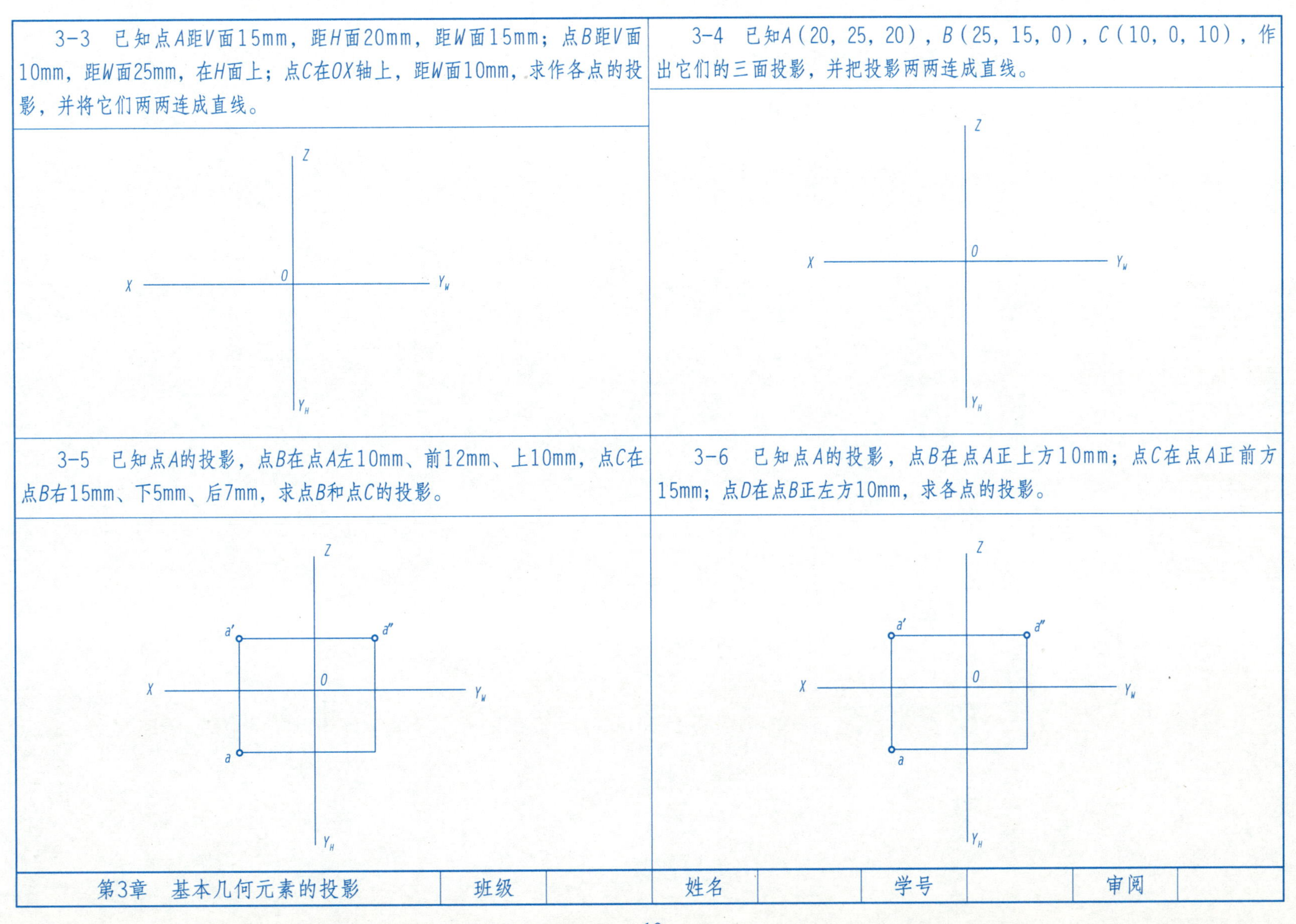

3-3　已知点A距V面15mm，距H面20mm，距W面15mm；点B距V面10mm，距W面25mm，在H面上；点C在OX轴上，距W面10mm，求作各点的投影，并将它们两两连成直线。

3-4　已知A(20，25，20)，B(25，15，0)，C(10，0，10)，作出它们的三面投影，并把投影两两连成直线。

3-5　已知点A的投影，点B在点A左10mm、前12mm、上10mm，点C在点B右15mm、下5mm、后7mm，求点B和点C的投影。

3-6　已知点A的投影，点B在点A正上方10mm；点C在点A正前方15mm；点D在点B正左方10mm，求各点的投影。

第3章　基本几何元素的投影	班级		姓名		学号		审阅	

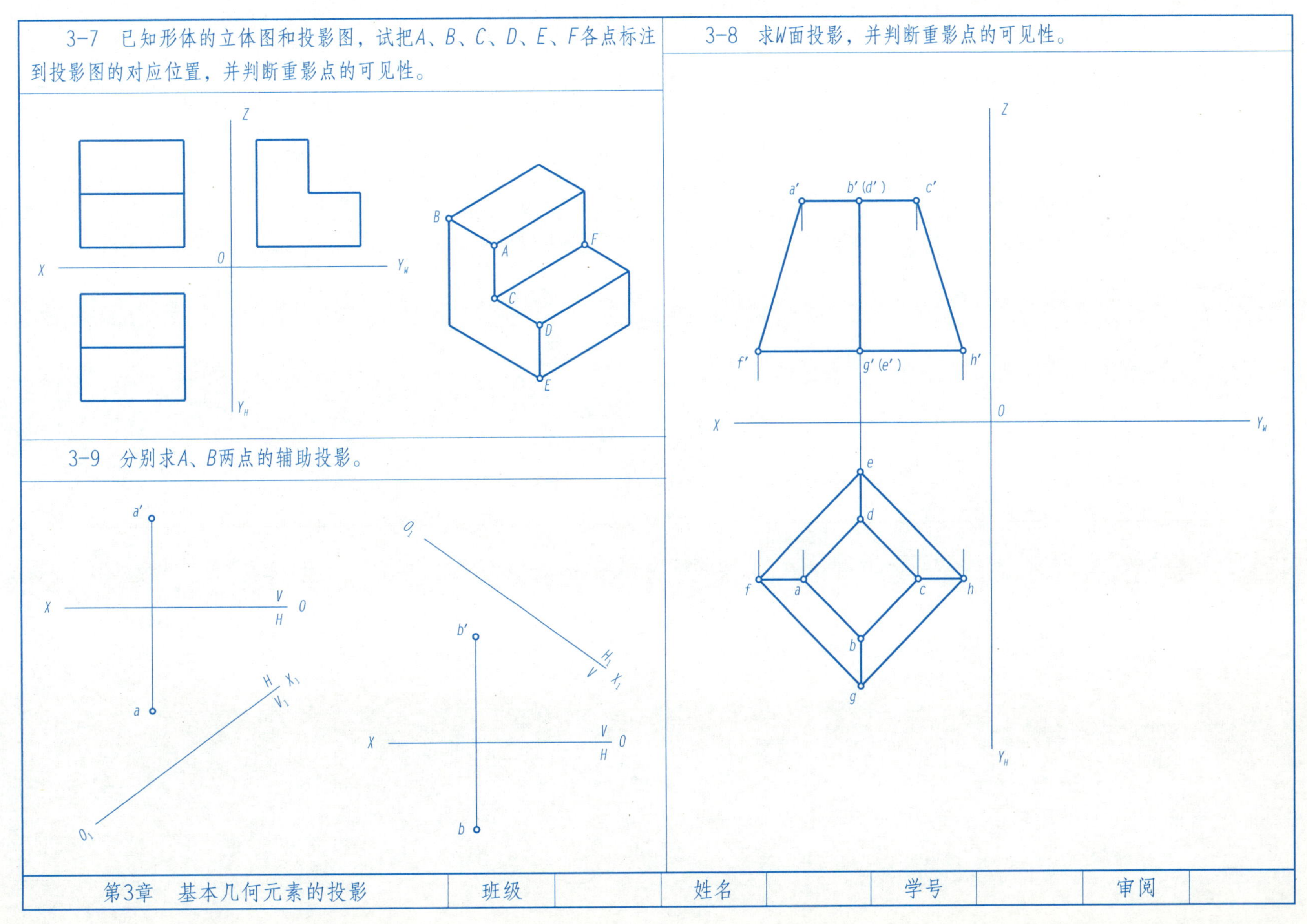
3-7 已知形体的立体图和投影图，试把A、B、C、D、E、F各点标注到投影图的对应位置，并判断重影点的可见性。
Z
X
0
YW
YH
B
A
F
C
D
E
3-8 求W面投影，并判断重影点的可见性。
Z
a′
b′(d′)
c′
f′
g′(e′)
h′
X
0
YW
e
d
f
a
c
h
b
g
YH
3-9 分别求A、B两点的辅助投影。
a′
X
V
H
0
a
H
X1
V1
O1
O1
H1
V
X1
b′
X
V
H
0
b
第3章 基本几何元素的投影
班级
姓名
学号
审阅

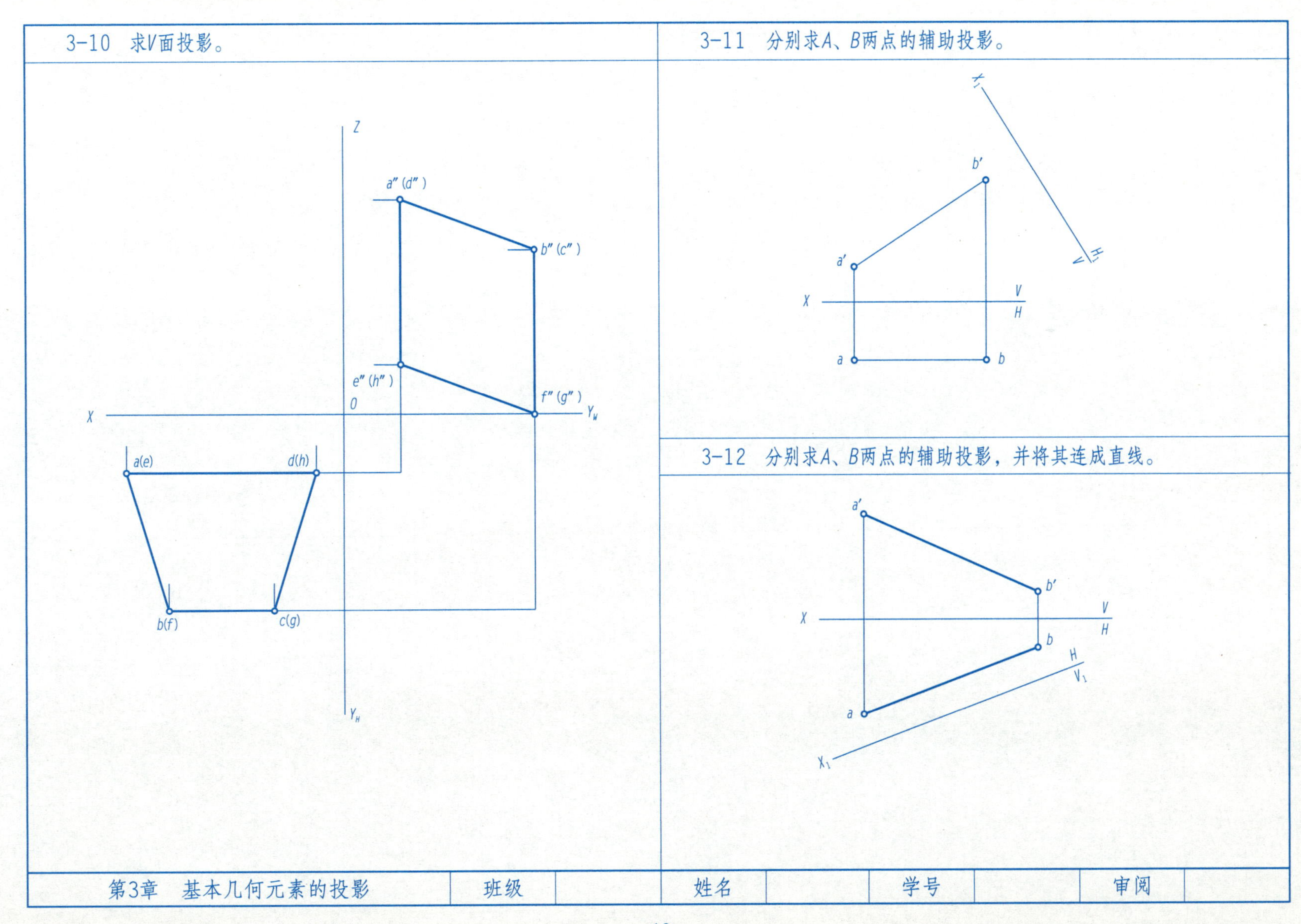
3-10 求V面投影。
Z
a″(d″)
b″(c″)
e″(h″)
f″(g″)
X
0
Y_W
a(e)
d(h)
b(f)
c(g)
Y_H
3-11 分别求A、B两点的辅助投影。
X_1
b′
a′
V
H
V
H_1
X
a
b
3-12 分别求A、B两点的辅助投影，并将其连成直线。
a′
b′
X
V
H
b
H
V_1
a
X_1
第3章 基本几何元素的投影
班级
姓名
学号
审阅

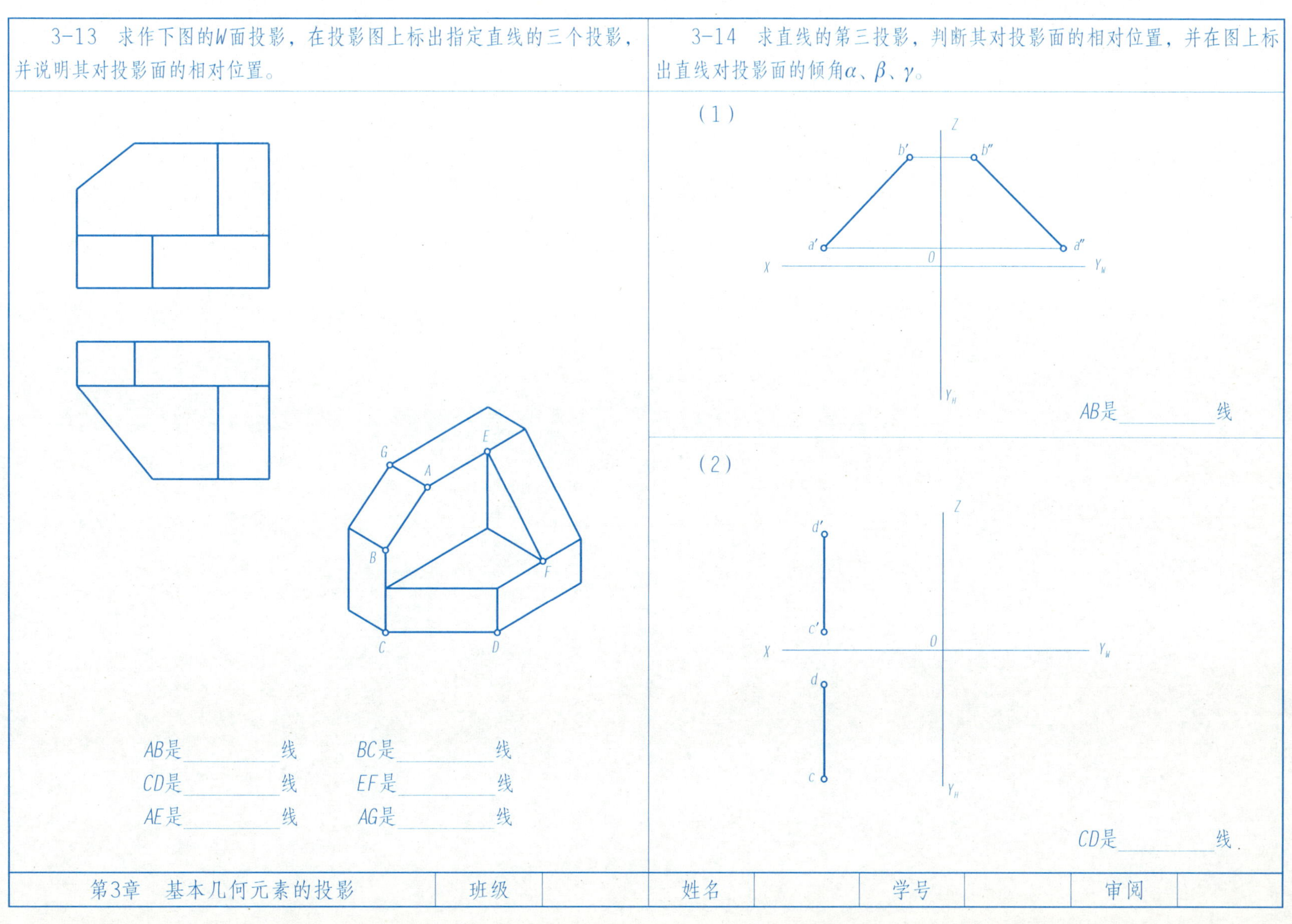
3-13 求作下图的W面投影，在投影图上标出指定直线的三个投影，并说明其对投影面的相对位置。
G
E
A
B
F
C
D
AB是________线
BC是________线
CD是________线
EF是________线
AE是________线
AG是________线
3-14 求直线的第三投影，判断其对投影面的相对位置，并在图上标出直线对投影面的倾角α、β、γ。
(1)
Z
b′
b″
a′
a″
X
O
Y_W
Y_H
AB是________线
(2)
Z
d′
c′
X
O
Y_W
d
c
Y_H
CD是________线
第3章 基本几何元素的投影
班级
姓名
学号
审阅

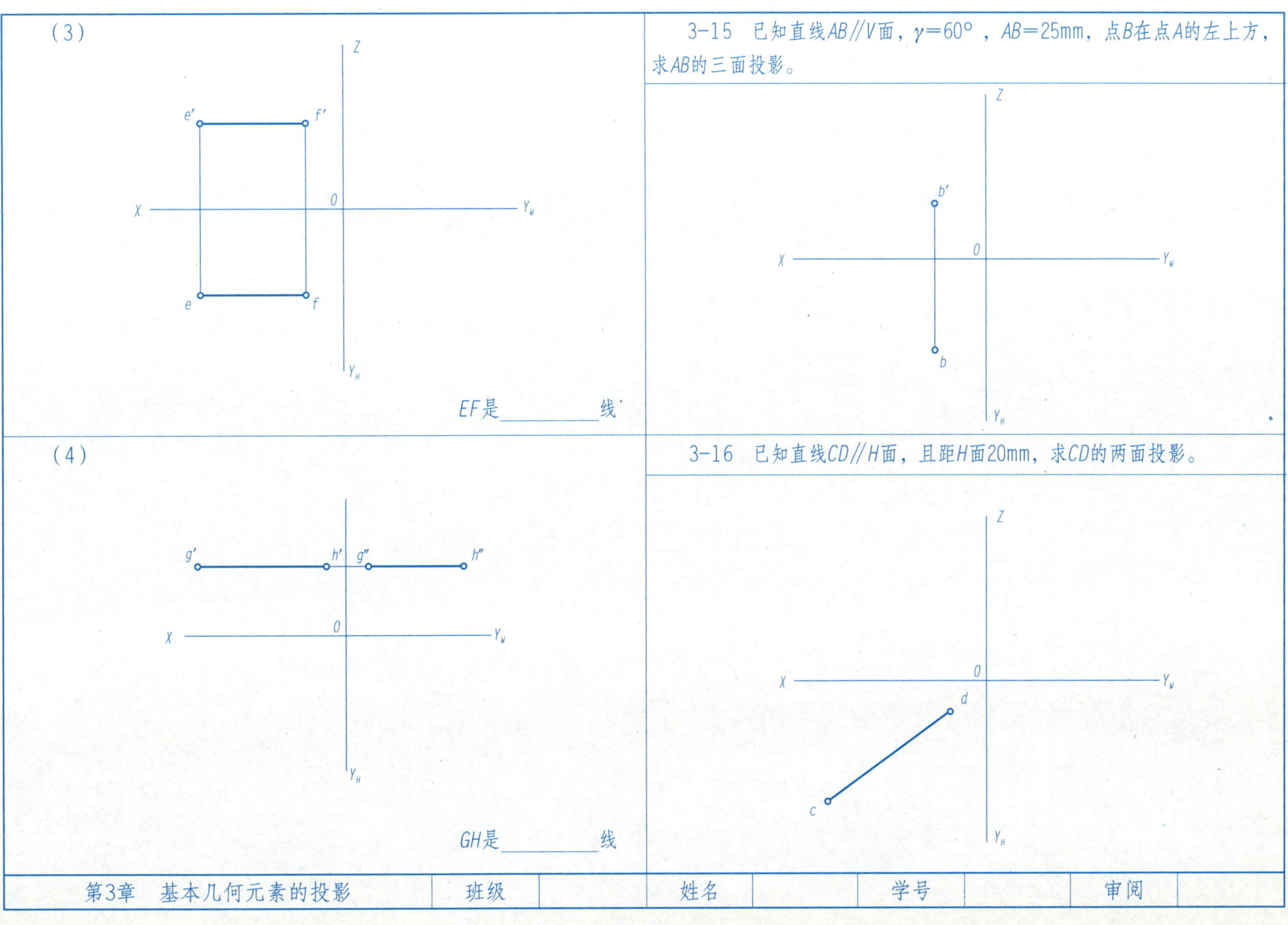
(3)
Z
e′
f′
X
0
Y_W
e
f
Y_H
EF是________线
3-15 已知直线AB//V面，γ=60°，AB=25mm，点B在点A的左上方，求AB的三面投影。
Z
b′
X
0
Y_W
b
Y_H
(4)
g′
h′
g″
h″
X
0
Y_W
Y_H
GH是________线
3-16 已知直线CD//H面，且距H面20mm，求CD的两面投影。
Z
X
0
Y_W
d
c
Y_H
第3章 基本几何元素的投影
班级
姓名
学号
审阅

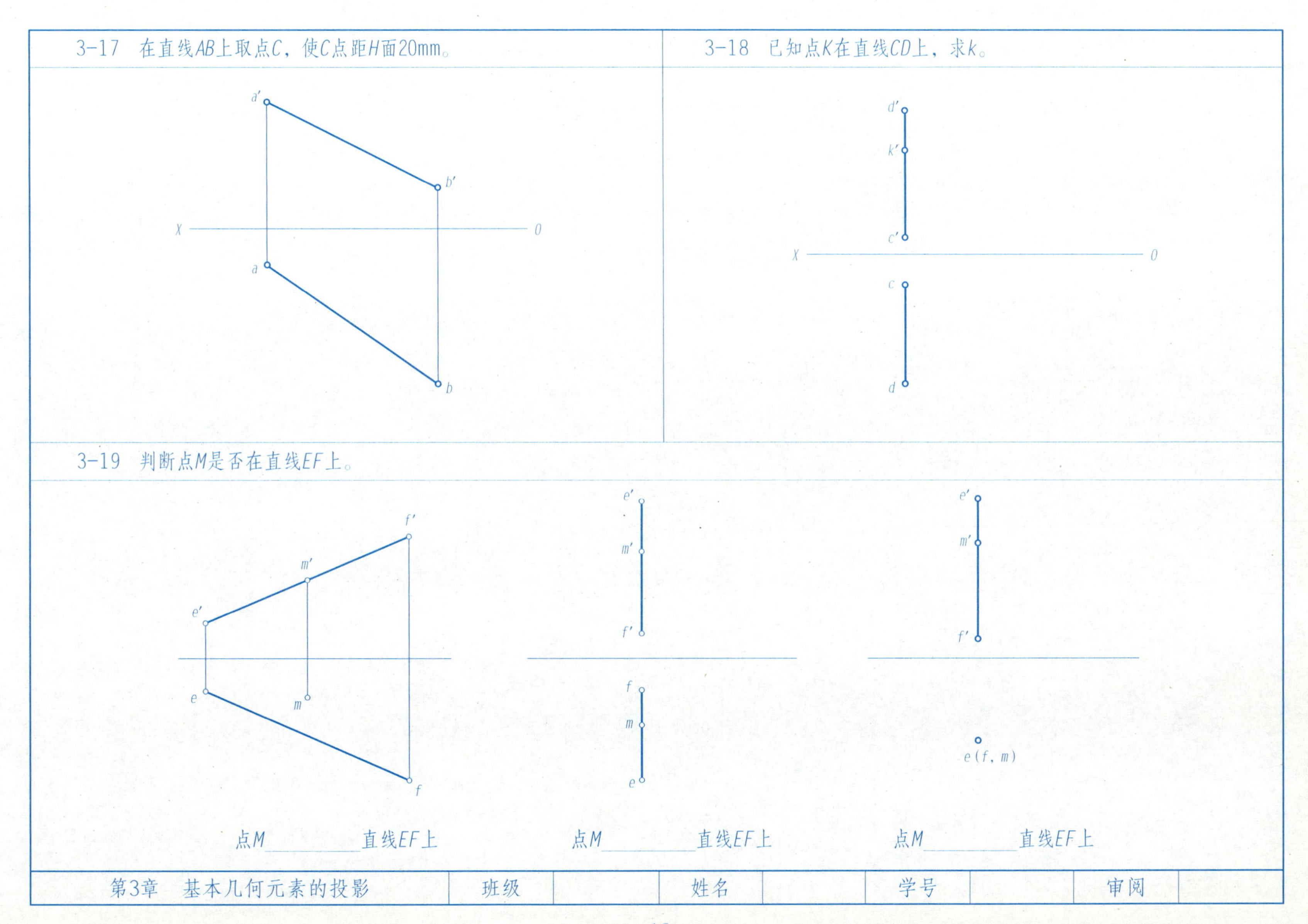
3-17 在直线AB上取点C，使C点距H面20mm。
a′
b′
X
O
a
b
3-18 已知点K在直线CD上，求k。
d′
k′
c′
X
O
c
d
3-19 判断点M是否在直线EF上。
f′
m′
e′
e
m
f
e′
m′
f′
f
m
e
e′
m′
f′
e(f, m)
点M______直线EF上
点M______直线EF上
点M______直线EF上
第3章 基本几何元素的投影
班级
姓名
学号
审阅

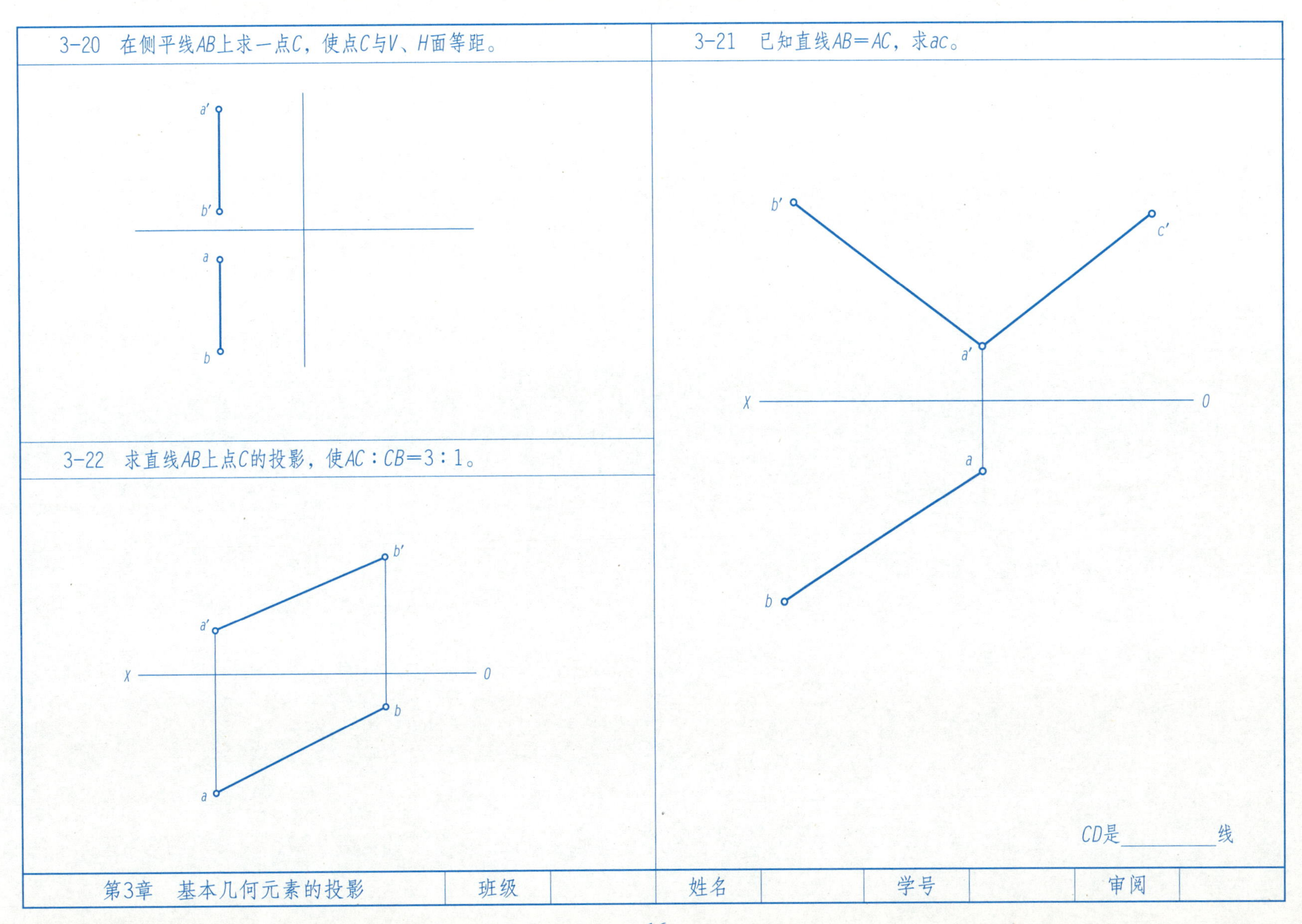
3-20 在侧平线AB上求一点C，使点C与V、H面等距。
a′
b′
a
b
3-21 已知直线AB=AC，求ac。
b′
c′
a′
X
0
a
b
CD是________线
3-22 求直线AB上点C的投影，使AC：CB=3：1。
b′
a′
X
0
b
a
第3章 基本几何元素的投影
班级
姓名
学号
审阅

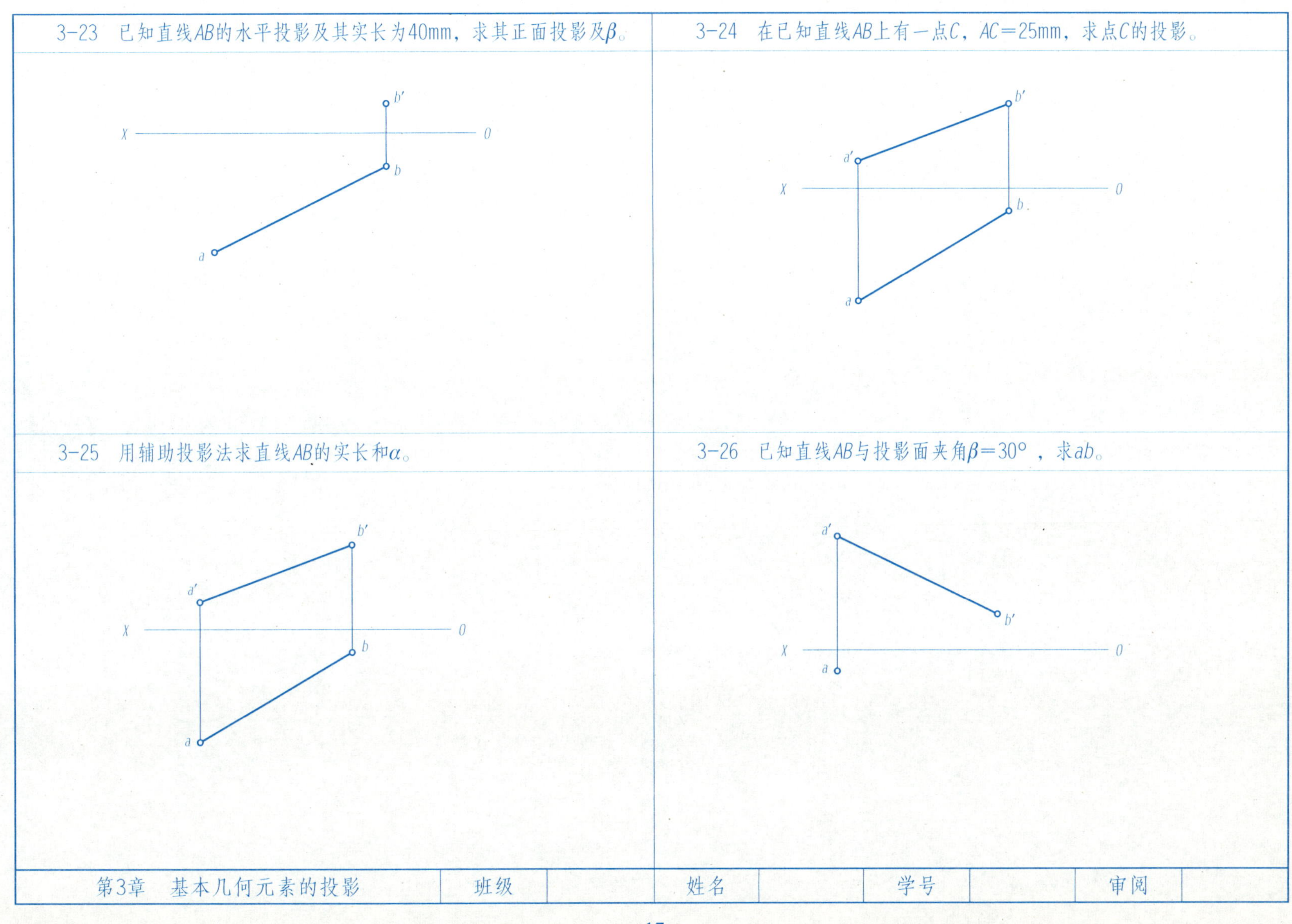
3-23 已知直线AB的水平投影及其实长为40mm，求其正面投影及β。
b′
X
0
b
a
3-24 在已知直线AB上有一点C，AC=25mm，求点C的投影。
b′
a′
X
0
b
a
3-25 用辅助投影法求直线AB的实长和α。
b′
a′
X
0
b
a
3-26 已知直线AB与投影面夹角β=30°，求ab。
a′
b′
X
0
a
第3章 基本几何元素的投影
班级
姓名
学号
审阅

3-27 判别两直线的相对位置。

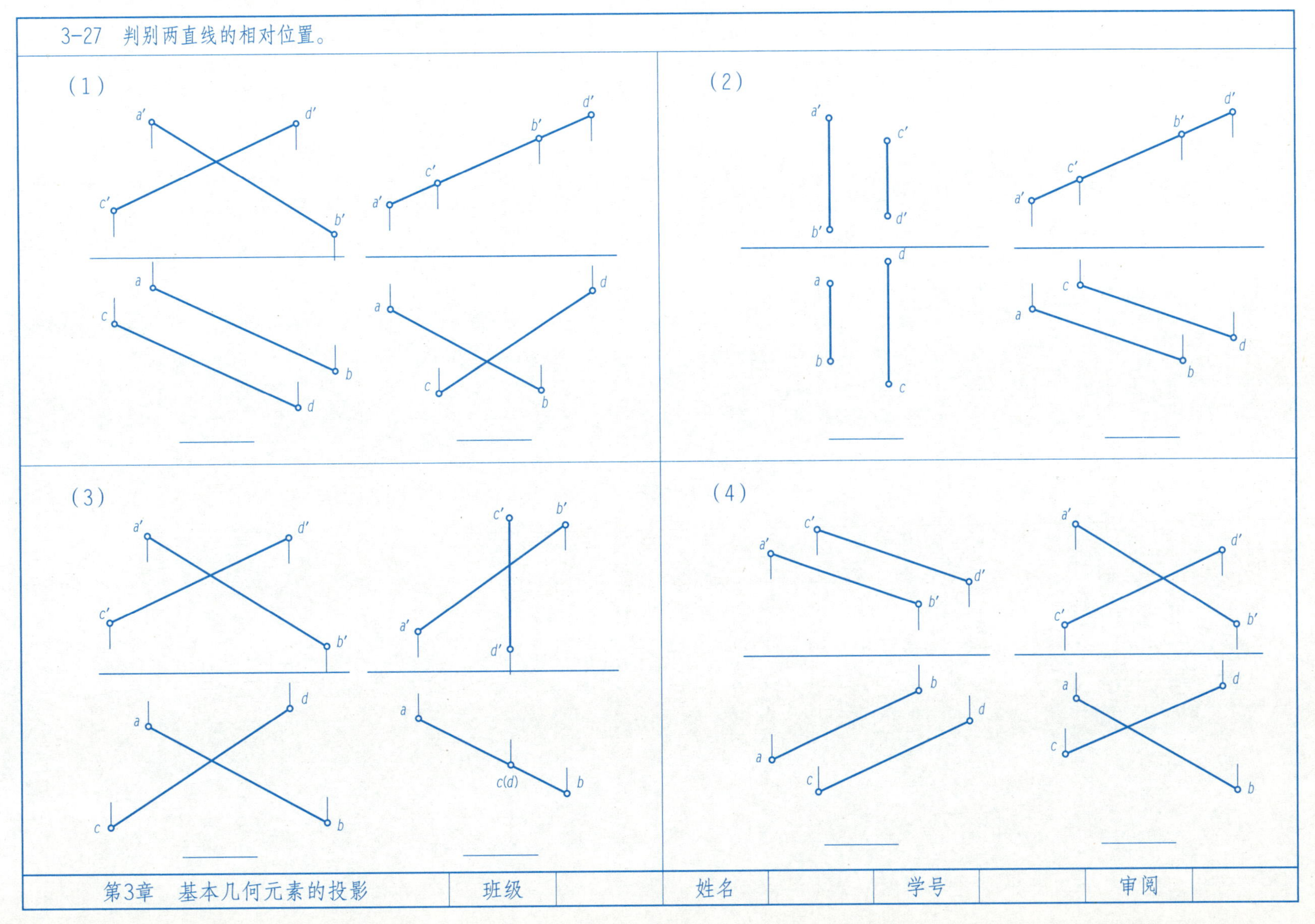

第3章 基本几何元素的投影 | 班级 | | 姓名 | | 学号 | | 审阅 |

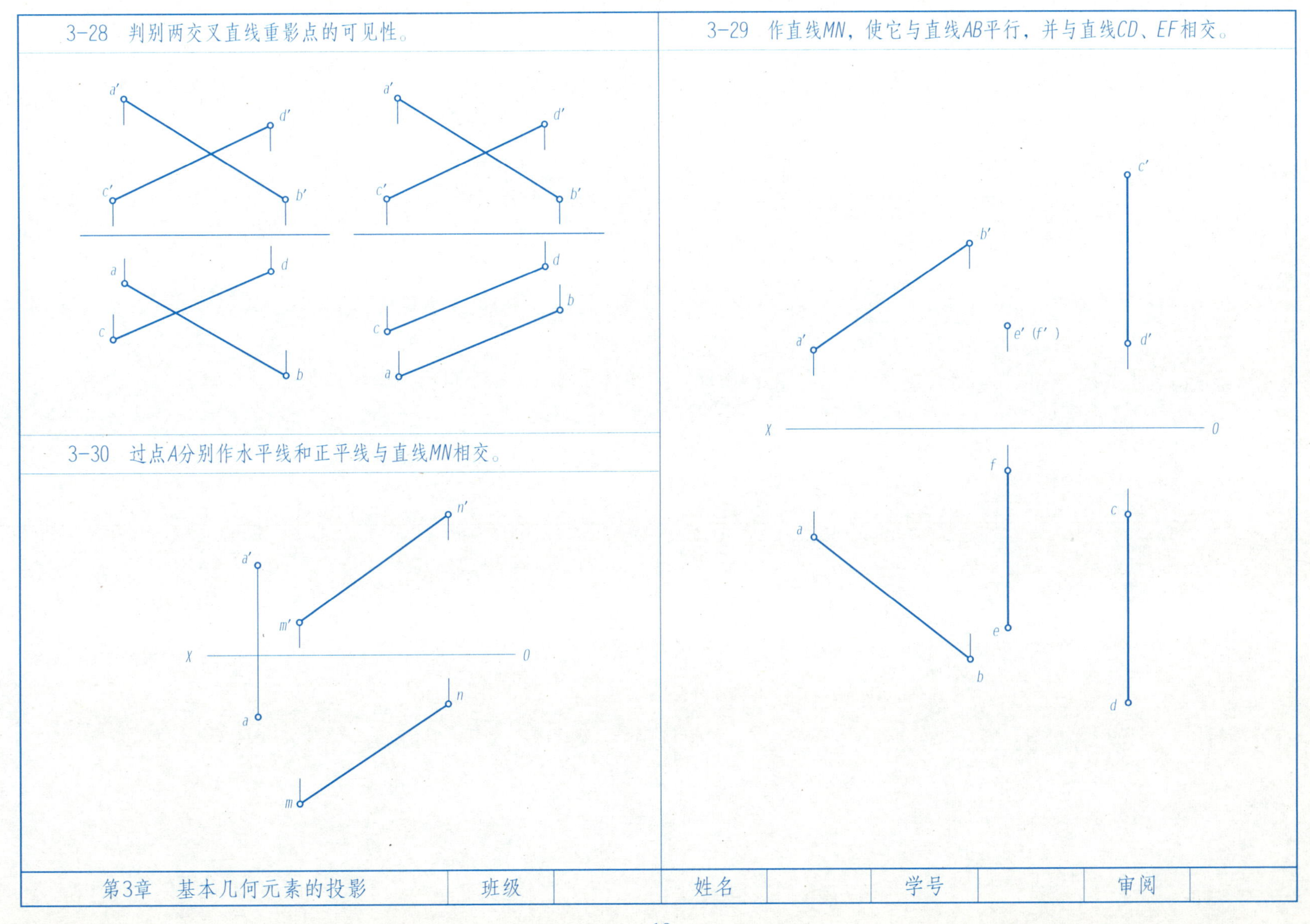
3-28 判别两交叉直线重影点的可见性。
a′
d′
c′
b′
a
d
c
b
a′
d′
c′
b′
d
b
c
a
3-29 作直线MN，使它与直线AB平行，并与直线CD、EF相交。
c′
b′
a′
e′ (f′)
d′
X
O
f
a
c
e
b
d
3-30 过点A分别作水平线和正平线与直线MN相交。
n′
a′
m′
X
O
a
n
m
第3章 基本几何元素的投影
班级
姓名
学号
审阅

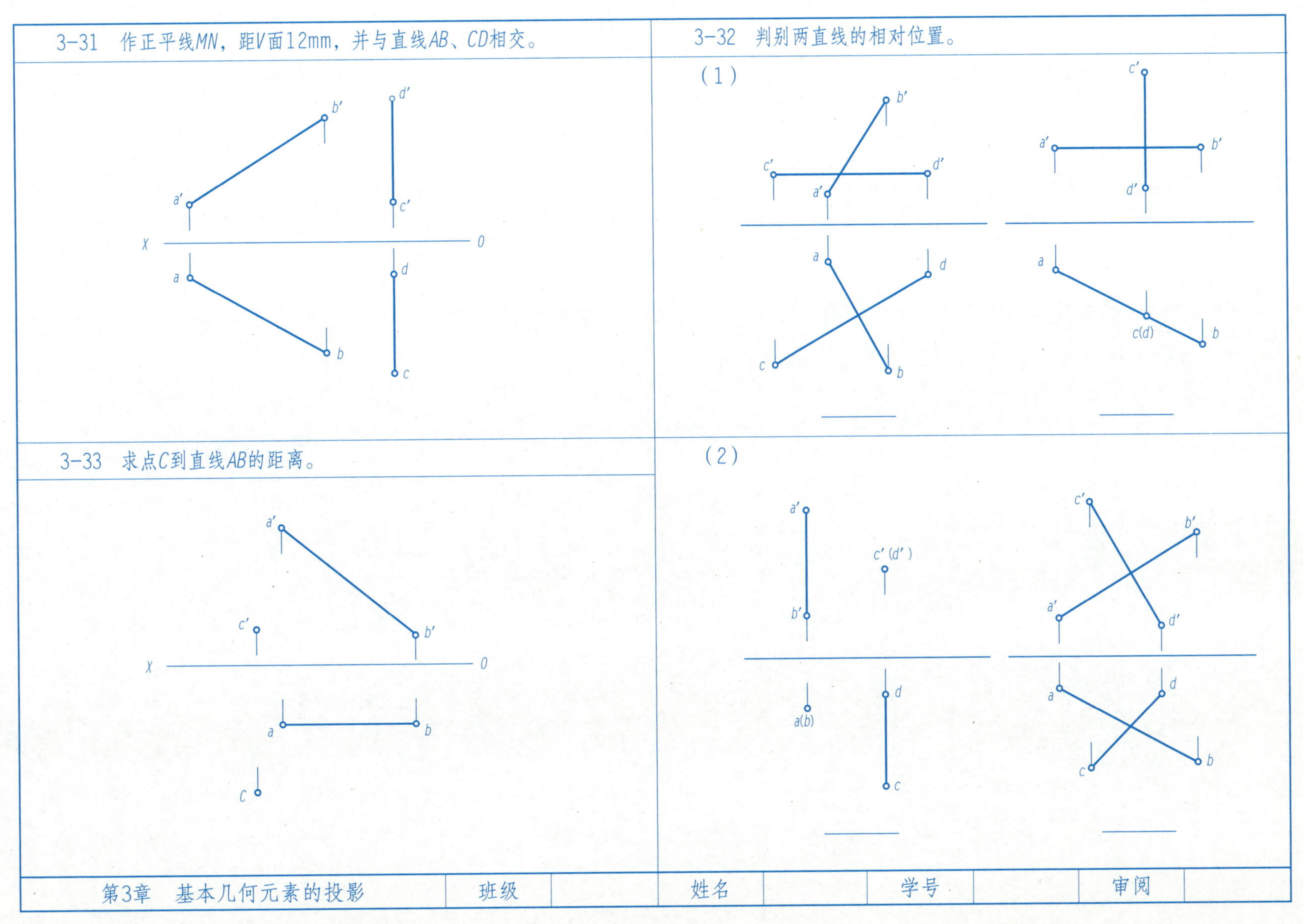
3-31 作正平线MN，距V面12mm，并与直线AB、CD相交。
3-32 判别两直线的相对位置。
(1)
(2)
3-33 求点C到直线AB的距离。
X
0
a′
b′
c′
d′
a
b
c
d
c(d)
c′(d′)
a(b)
第3章 基本几何元素的投影
班级
姓名
学号
审阅

3-34　求两交叉直线AB、CD的公垂线。

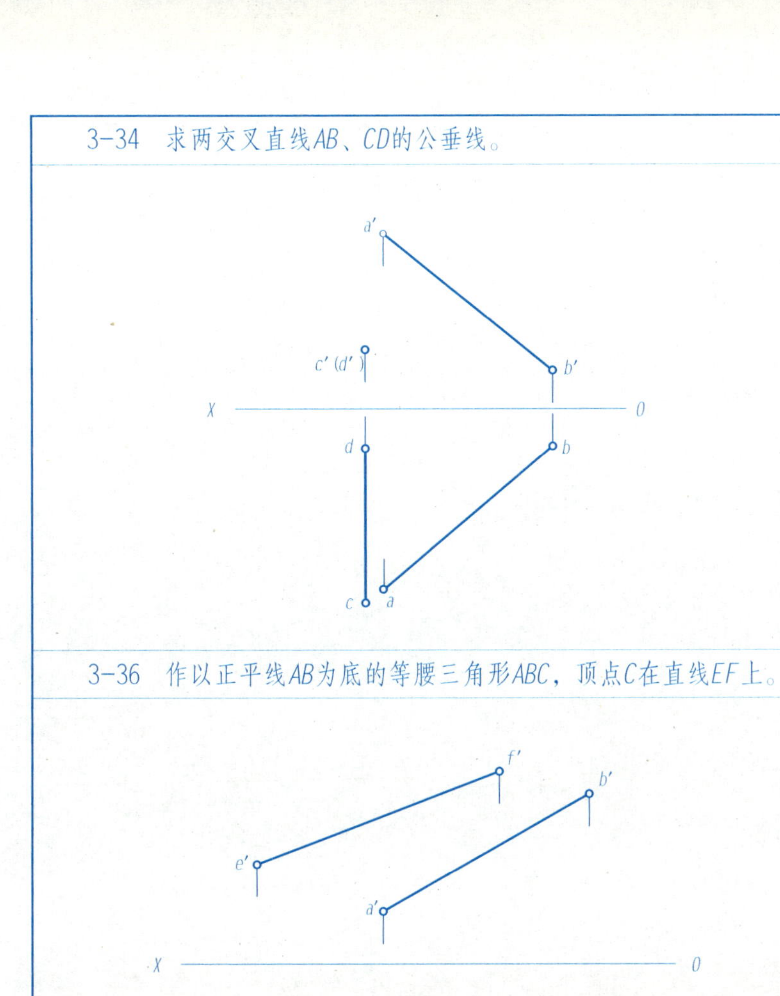

3-35　已知正平线AD是等腰三角形ABC的高，点D在BC上，点B距H面10mm，点C属于V面，求三角形ABC的两面投影。

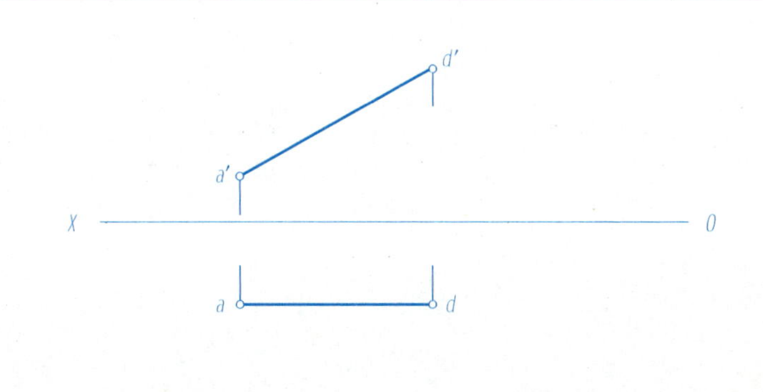

3-36　作以正平线AB为底的等腰三角形ABC，顶点C在直线EF上。

3-37　已知矩形$ABCD$的顶点C距平面EFG10mm，距V面15mm，完成矩形的两面投影。

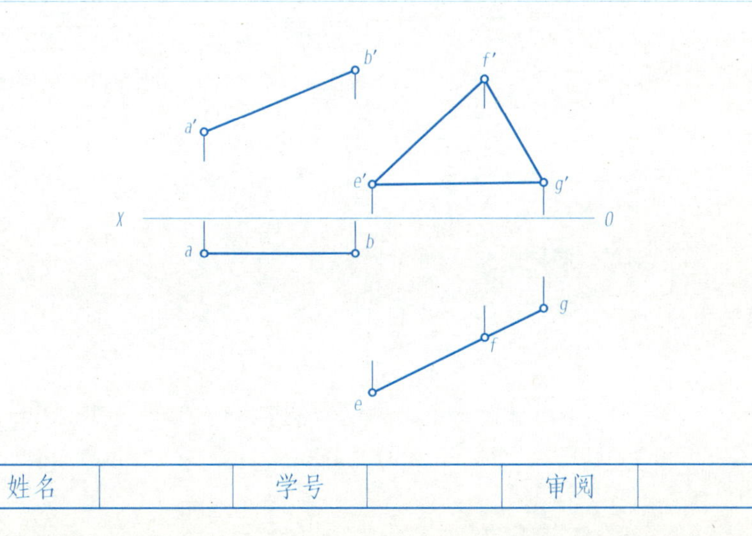

第3章　基本几何元素的投影	班级		姓名		学号		审阅	

3-38 求作下图的W面投影，在投影图上标出各平面的三个投影，并说明其对投影面的相对位置。

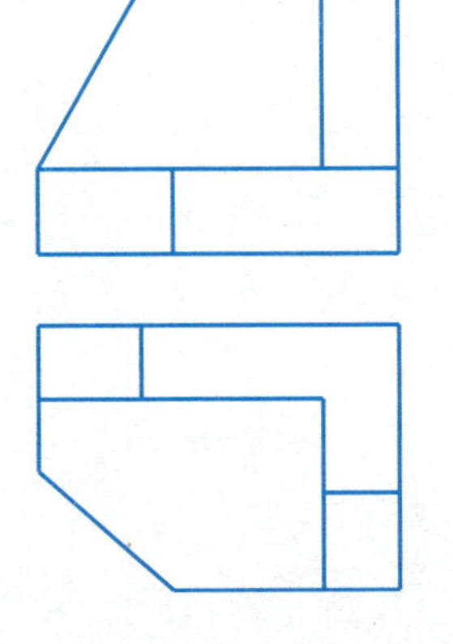

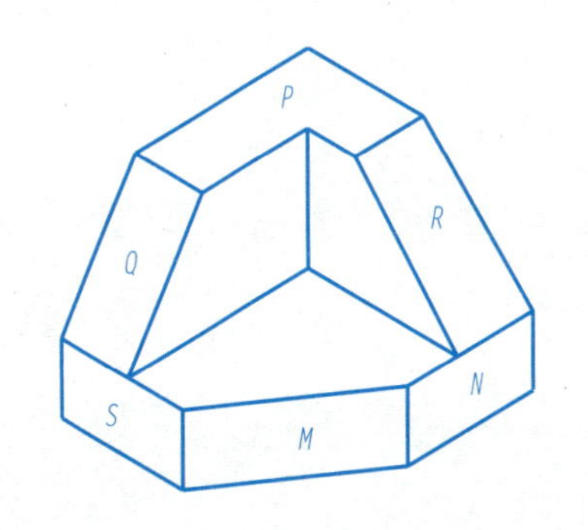

平面名称	与投影面相对位置
P	
Q	
R	
S	
M	
N	

3-39 已知下列平面内点、直线的一个投影，求它们的另一个投影。

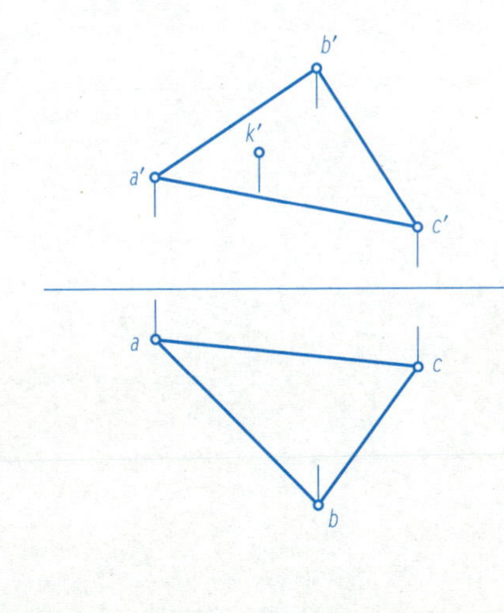

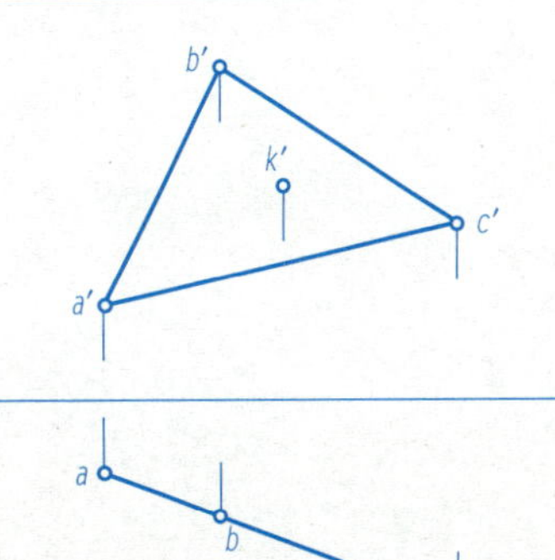

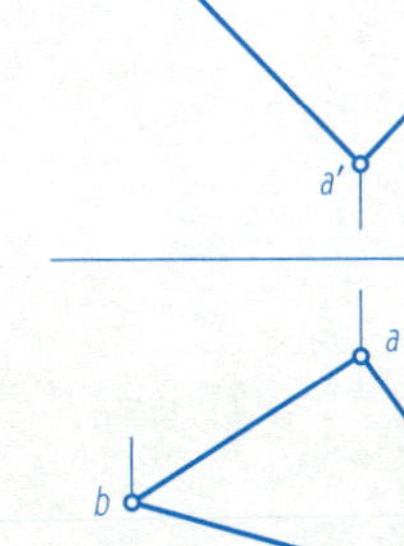

第3章 基本几何元素的投影	班级		姓名		学号		审阅	

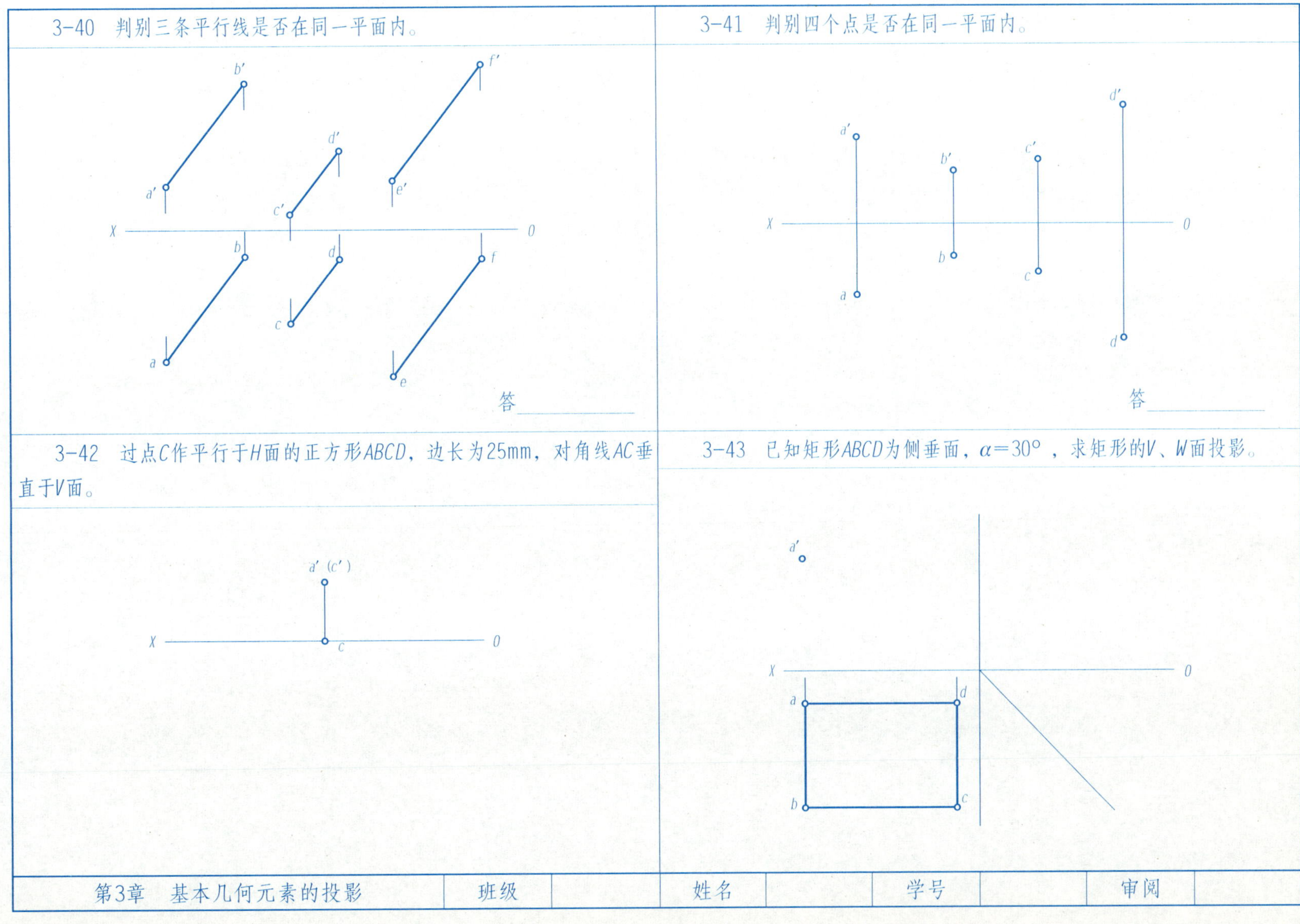
3-40 判别三条平行线是否在同一平面内。
b′
d′
f′
a′
c′
e′
X
0
b
d
f
c
a
e
答
3-41 判别四个点是否在同一平面内。
d′
a′
b′
c′
X
0
b
c
a
d
答
3-42 过点C作平行于H面的正方形ABCD，边长为25mm，对角线AC垂直于V面。
a′ (c′)
X
c
0
3-43 已知矩形ABCD为侧垂面，α=30°，求矩形的V、W面投影。
a′
X
0
a
d
b
c
第3章 基本几何元素的投影
班级
姓名
学号
审阅

3-44　四边形*ABCD*的*AB*边为正平线，完成其水平投影。

3-45　完成平面图形*ABCDEF*的两面投影。

3-46　在平面*ABC*内取点*K*，使点*K*距*H*面20mm，距*V*面15mm。

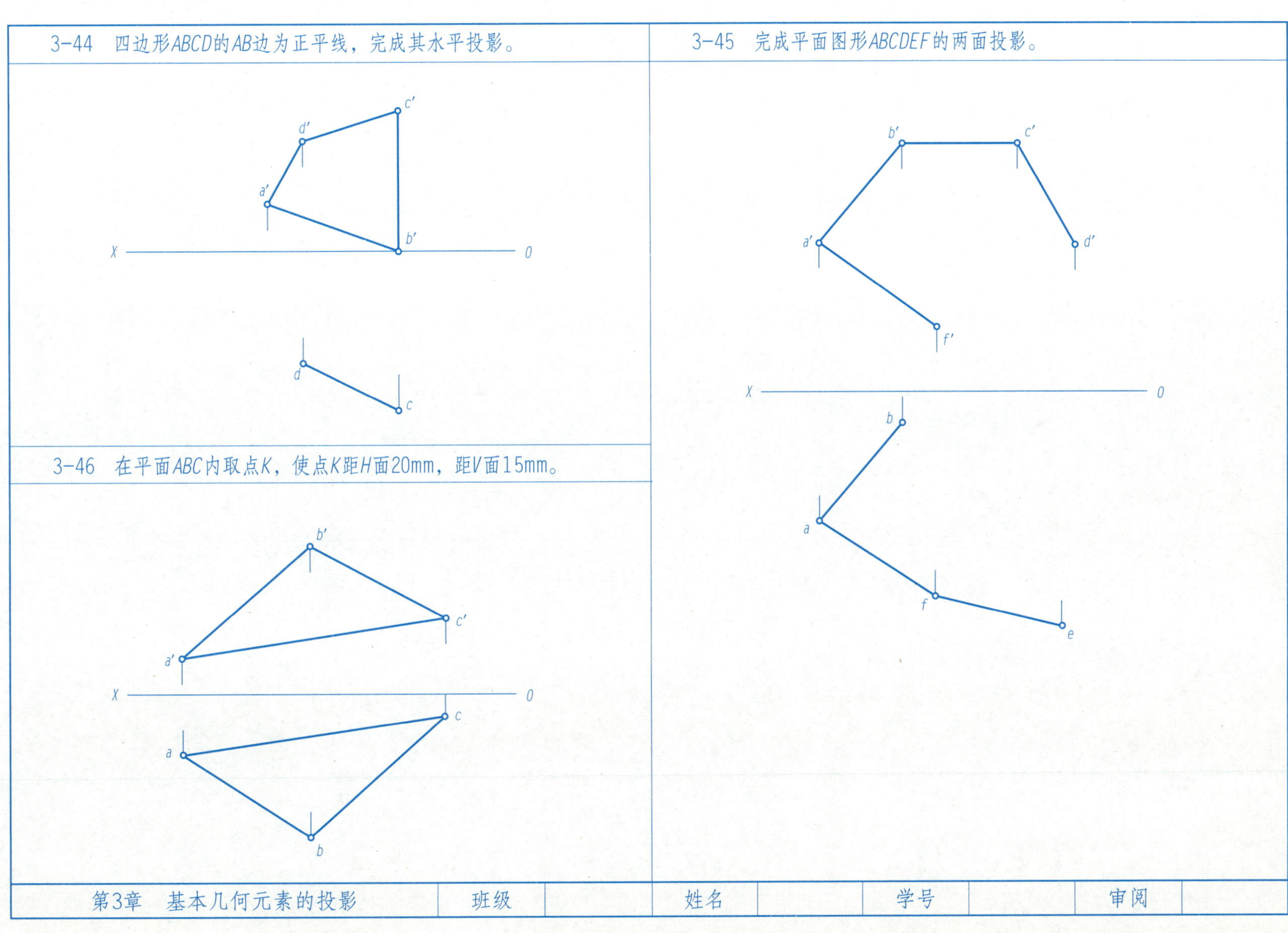

第3章　基本几何元素的投影	班级		姓名		学号		审阅	

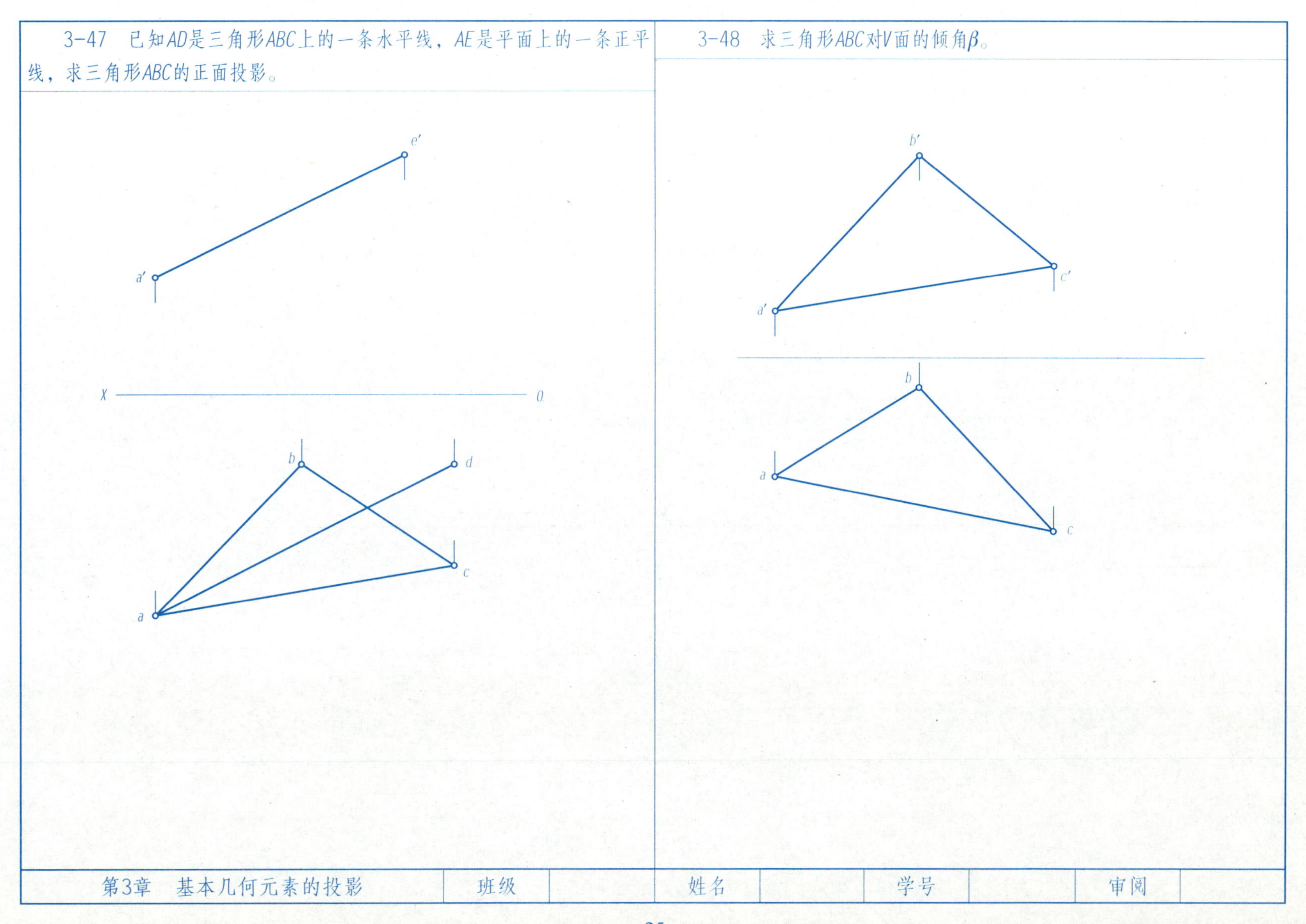
3-47　已知AD是三角形ABC上的一条水平线，AE是平面上的一条正平线，求三角形ABC的正面投影。
e′
a′
X
0
b
d
c
a
3-48　求三角形ABC对V面的倾角β。
b′
c′
a′
b
a
c
第3章　基本几何元素的投影
班级
姓名
学号
审阅

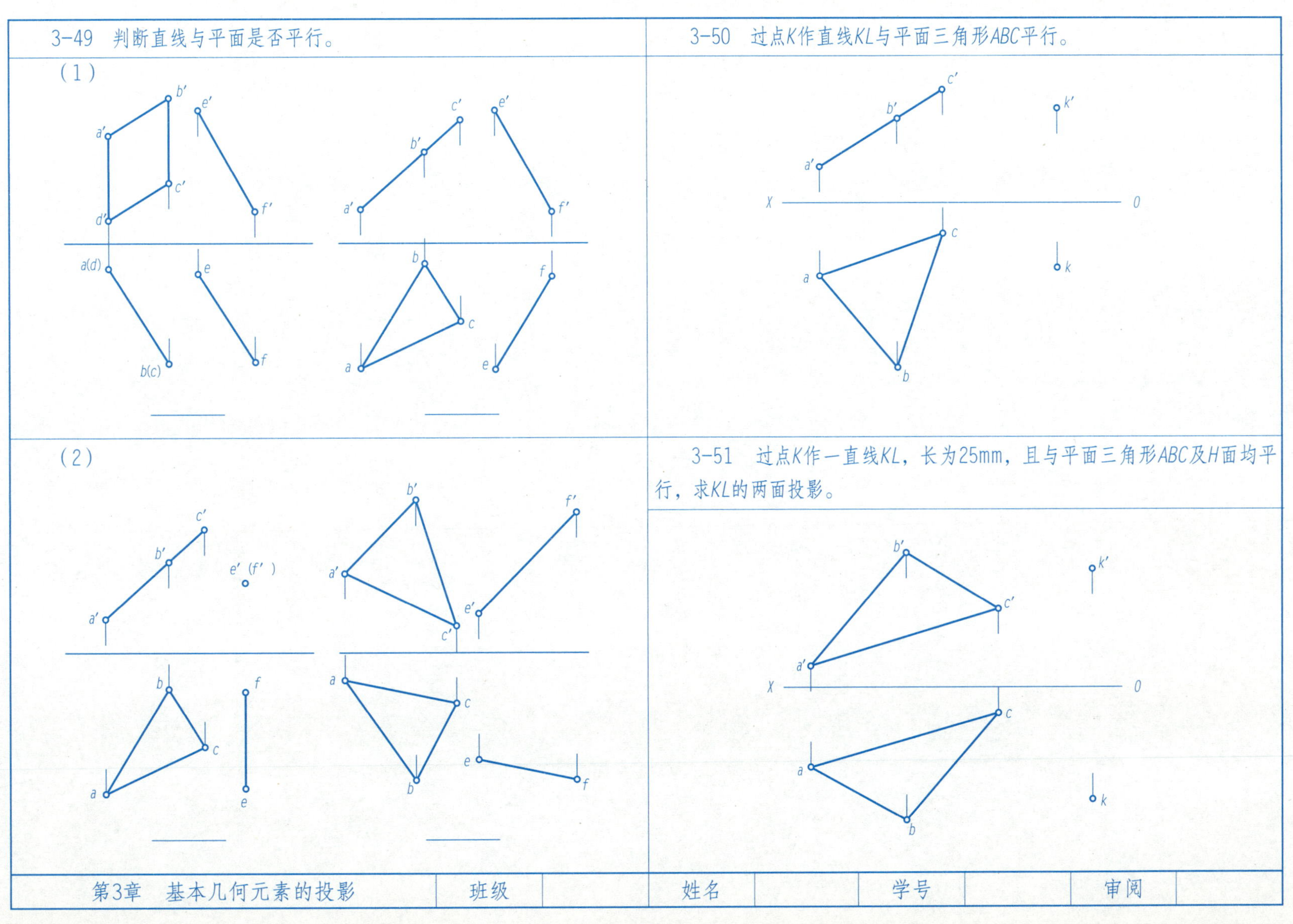
3-49 判断直线与平面是否平行。
(1)
a′
b′
c′
d′
e′
f′
a(d)
b(c)
e
f
a′
b′
c′
e′
f′
a
b
c
e
f
(2)
a′
b′
c′
e′ (f′)
a
b
c
e
f
a′
b′
c′
e′
f′
a
b
c
e
f
3-50 过点K作直线KL与平面三角形ABC平行。
a′
b′
c′
k′
X
O
a
b
c
k
3-51 过点K作一直线KL，长为25mm，且与平面三角形ABC及H面均平行，求KL的两面投影。
a′
b′
c′
k′
X
O
a
b
c
k
第3章 基本几何元素的投影
班级
姓名
学号
审阅

3-52　已知点K至平面ABC的距离KL=25mm，求作KL的两面投影。

3-53　求直线与平面的交点，并判断可见性。

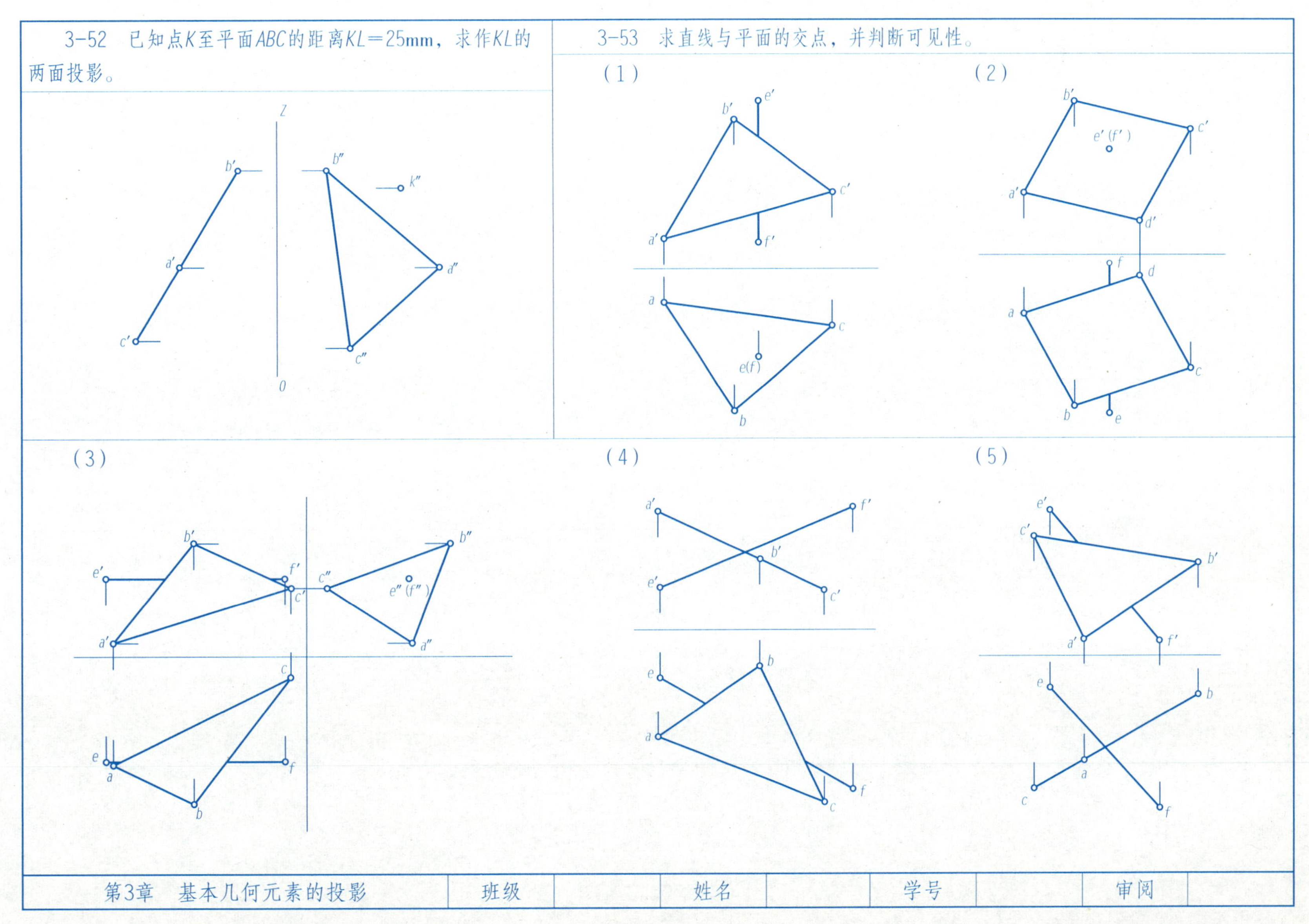

第3章　基本几何元素的投影　班级　姓名　学号　审阅

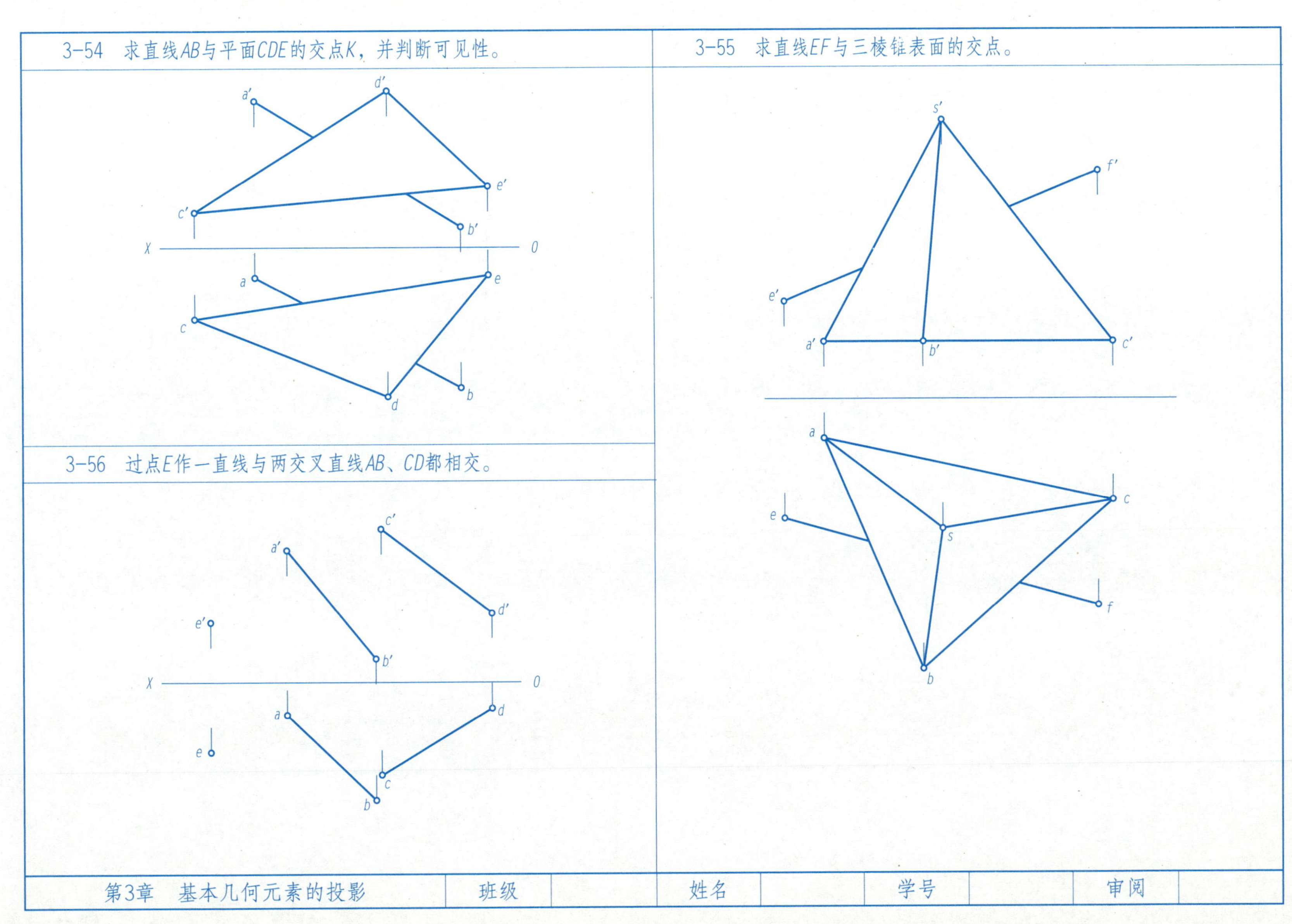
3-54　求直线AB与平面CDE的交点K，并判断可见性。
a′
d′
e′
c′
b′
X
0
a
e
c
d
b
3-55　求直线EF与三棱锥表面的交点。
s′
f′
e′
a′
b′
c′
a
c
e
s
f
b
3-56　过点E作一直线与两交叉直线AB、CD都相交。
c′
a′
d′
e′
b′
X
0
a
d
e
c
b
第3章　基本几何元素的投影
班级
姓名
学号
审阅

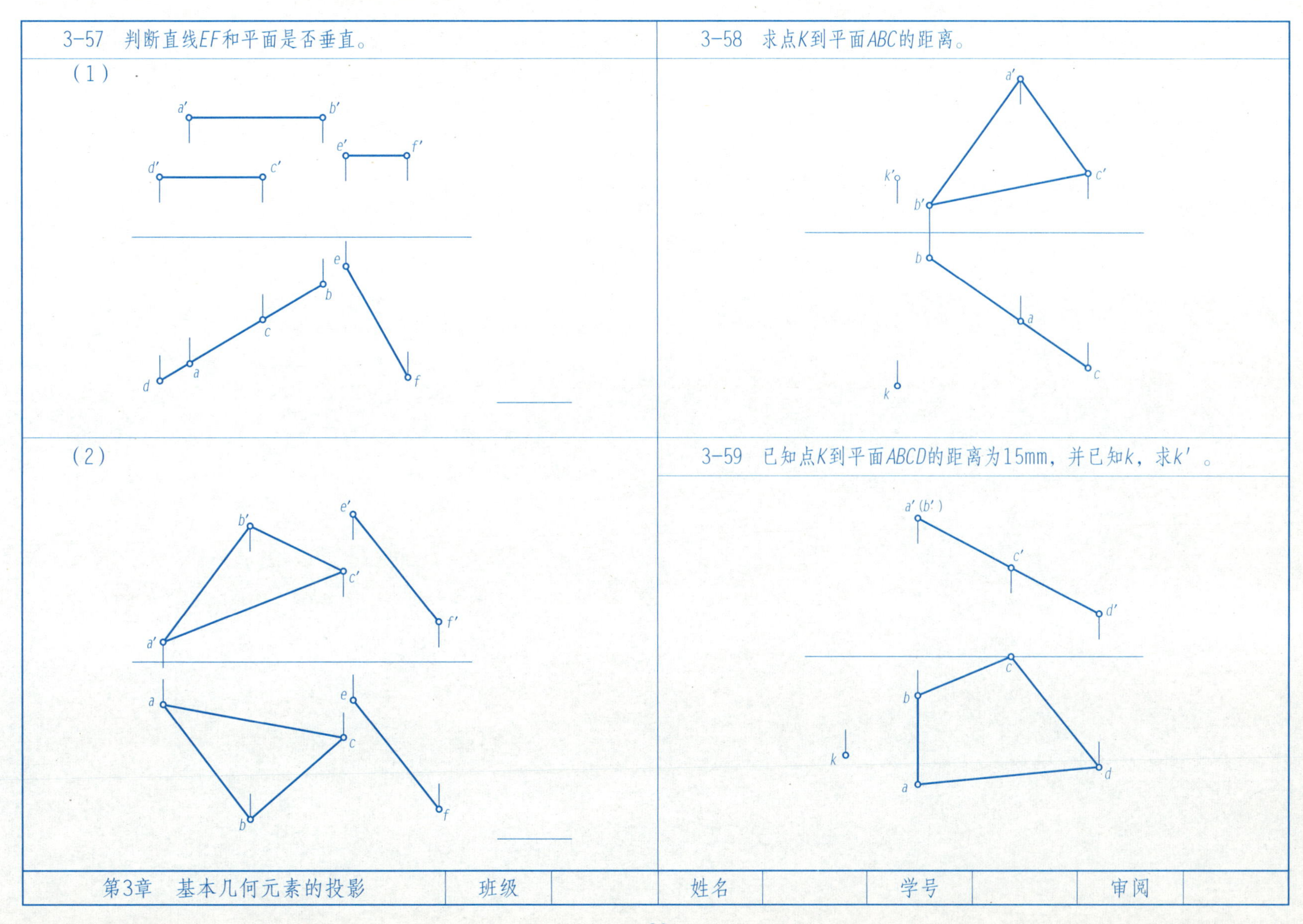
3-57 判断直线EF和平面是否垂直。
（1）
a′
b′
e′
f′
d′
c′
e
b
c
d
a
f
（2）
b′
e′
c′
f′
a′
a
e
c
b
f
3-58 求点K到平面ABC的距离。
a′
k′
c′
b′
b
a
c
k
3-59 已知点K到平面ABCD的距离为15mm，并已知k，求k′。
a′(b′)
c′
d′
c
b
k
d
a
第3章 基本几何元素的投影
班级
姓名
学号
审阅

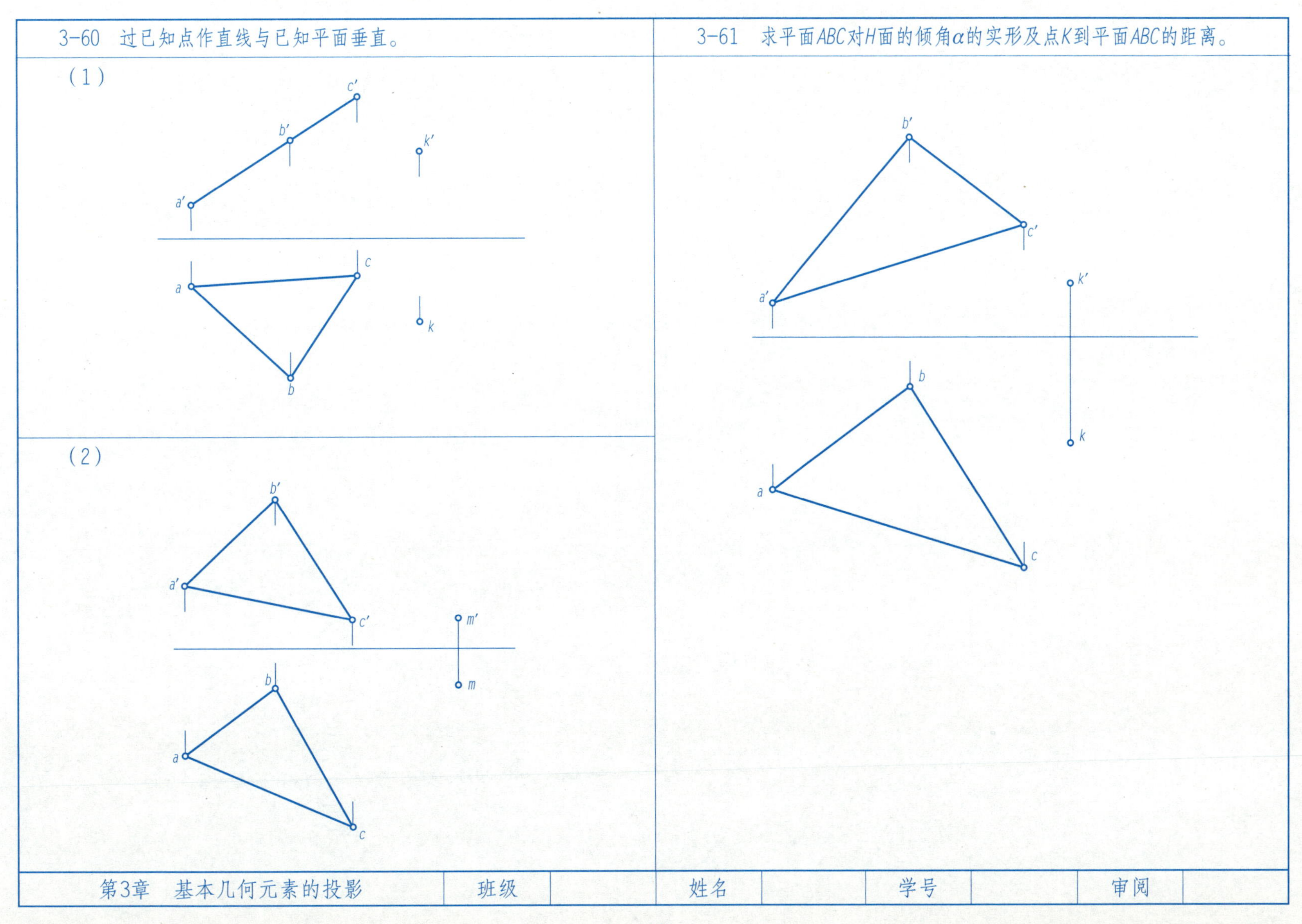
3-60 过已知点作直线与已知平面垂直。
（1）
c′
b′
k′
a′
c
a
k
b
（2）
b′
a′
c′
m′
b
m
a
c
3-61 求平面ABC对H面的倾角α的实形及点K到平面ABC的距离。
b′
c′
k′
a′
b
k
a
c
第3章 基本几何元素的投影
班级
姓名
学号
审阅

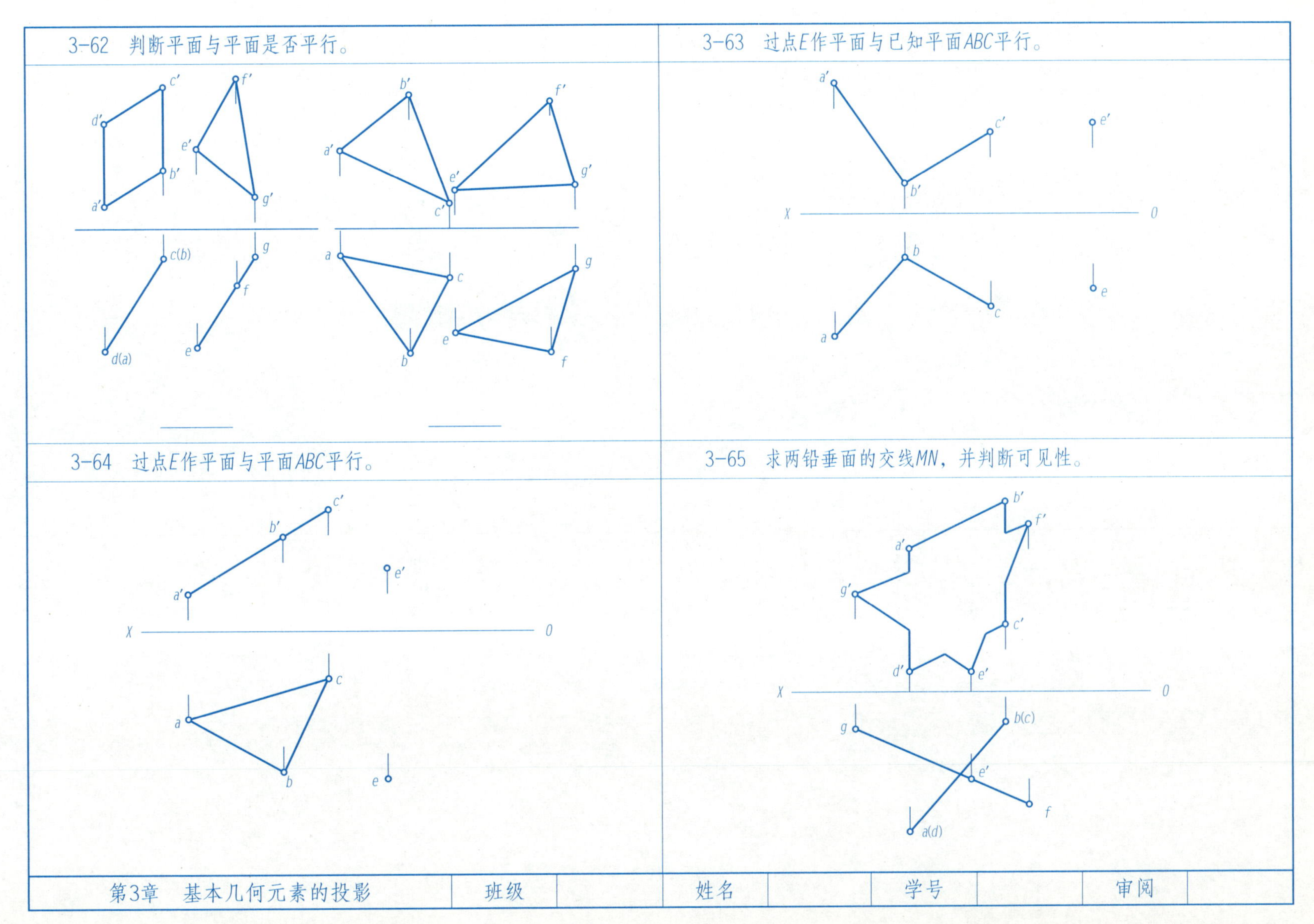
3-62 判断平面与平面是否平行。
c′
f′
d′
e′
b′
a′
g′
c(b)
g
f
d(a)
e
b′
f′
a′
g′
e′
c′
a
c
g
b
e
f
3-63 过点E作平面与已知平面ABC平行。
a′
e′
c′
b′
X
O
b
e
c
a
3-64 过点E作平面与平面ABC平行。
c′
b′
e′
a′
X
O
c
a
b
e
3-65 求两铅垂面的交线MN，并判断可见性。
b′
f′
a′
g′
c′
d′
e′
X
O
g
b(c)
e′
f
a(d)
第3章 基本几何元素的投影
班级
姓名
学号
审阅

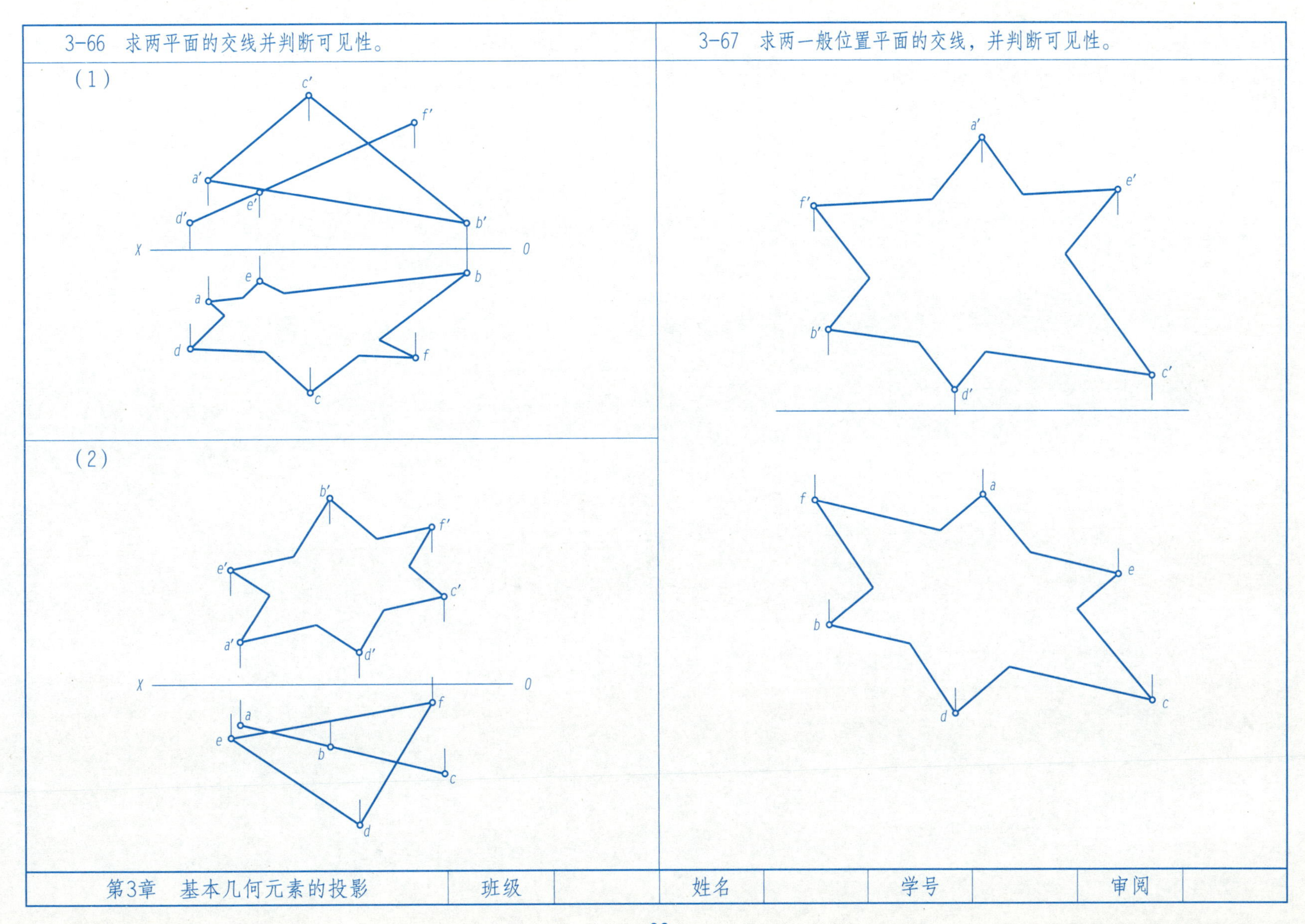
3-66 求两平面的交线并判断可见性。
(1)
c′
f′
a′
e′
d′
b′
X
O
e
a
b
d
f
c
(2)
b′
f′
e′
c′
a′
d′
X
O
f
a
e
b
c
d
3-67 求两一般位置平面的交线，并判断可见性。
a′
e′
f′
b′
c′
d′
f
a
e
b
d
c
第3章 基本几何元素的投影
班级
姓名
学号
审阅

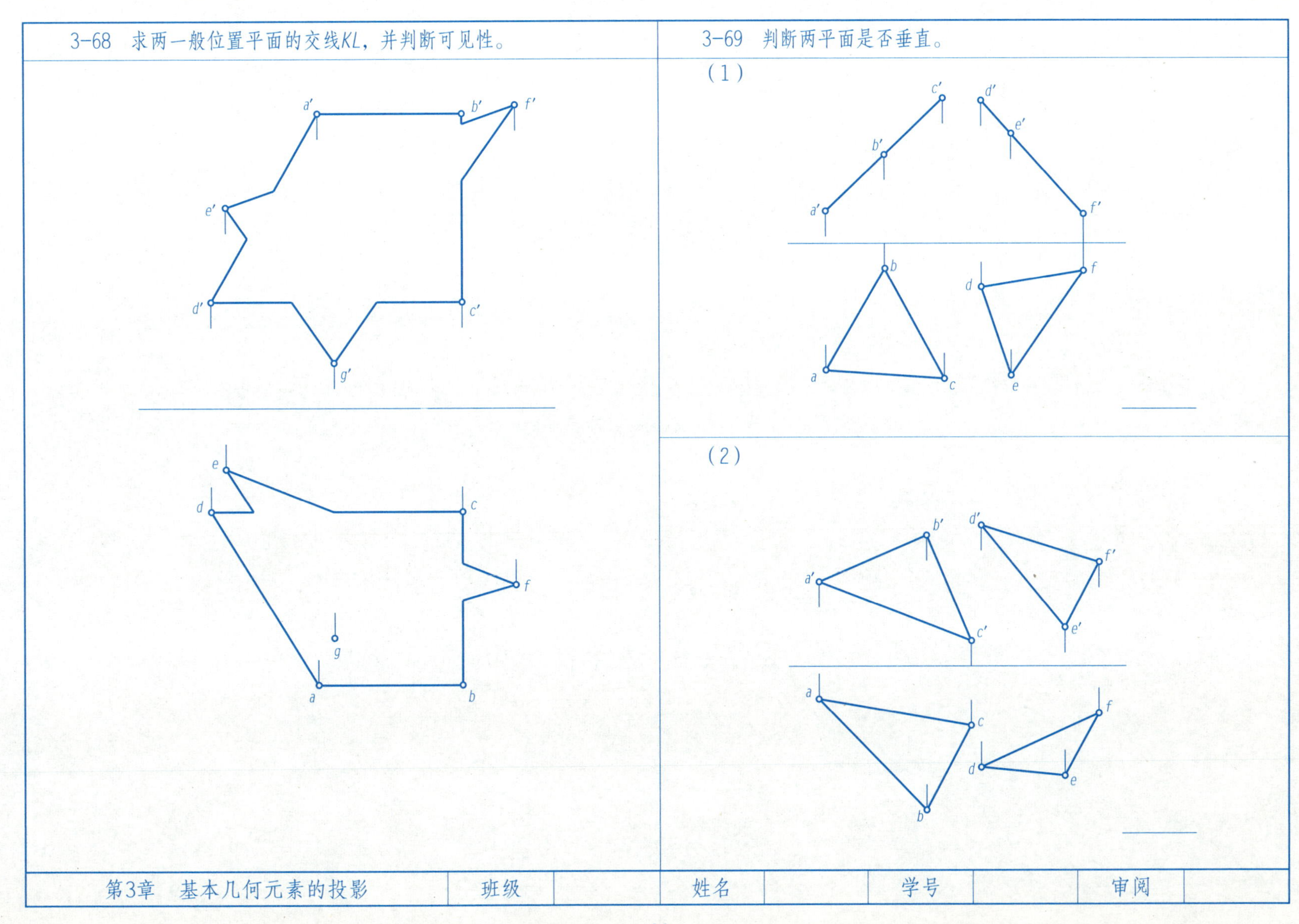
3-68 求两一般位置平面的交线KL，并判断可见性。
a′
b′
f′
e′
d′
c′
g′
e
d
c
f
g
a
b
3-69 判断两平面是否垂直。
(1)
c′
d′
e′
b′
a′
f′
b
f
d
a
c
e
(2)
b′
d′
f′
a′
c′
e′
a
c
f
d
e
b
第3章 基本几何元素的投影
班级
姓名
学号
审阅

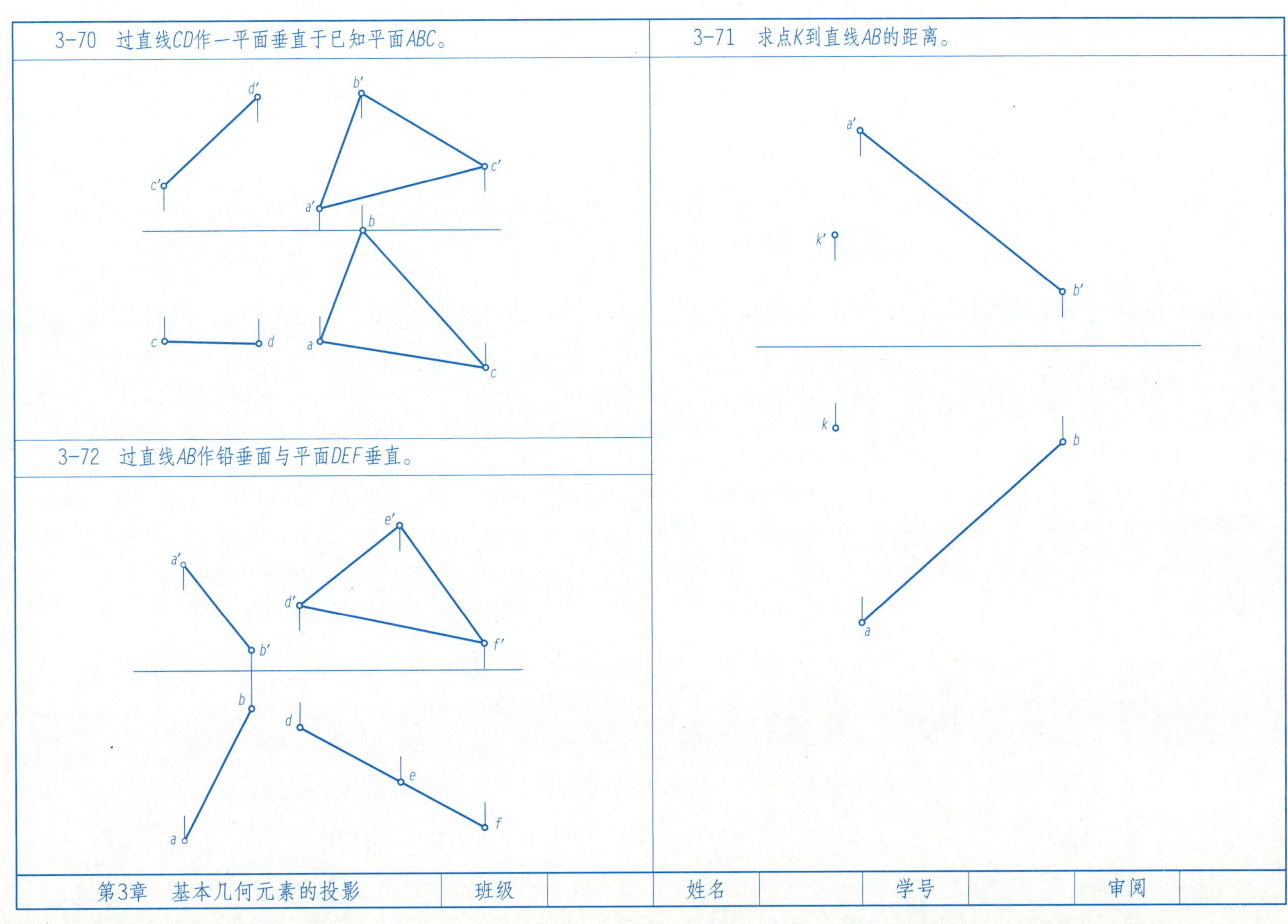

3-70 过直线CD作一平面垂直于已知平面ABC。
d′
b′
c′
c′
a′
b
c
d
a
c
3-71 求点K到直线AB的距离。
a′
k′
b′
k
b
a
3-72 过直线AB作铅垂面与平面DEF垂直。
e′
a′
d′
b′
f′
b
d
e
f
a
第3章 基本几何元素的投影
班级
姓名
学号
审阅

3-73 已知直线AB与BC垂直，补全H面投影。

3-74 已知等腰三角形ABC的顶点C在直线MN上，完成其两面投影。

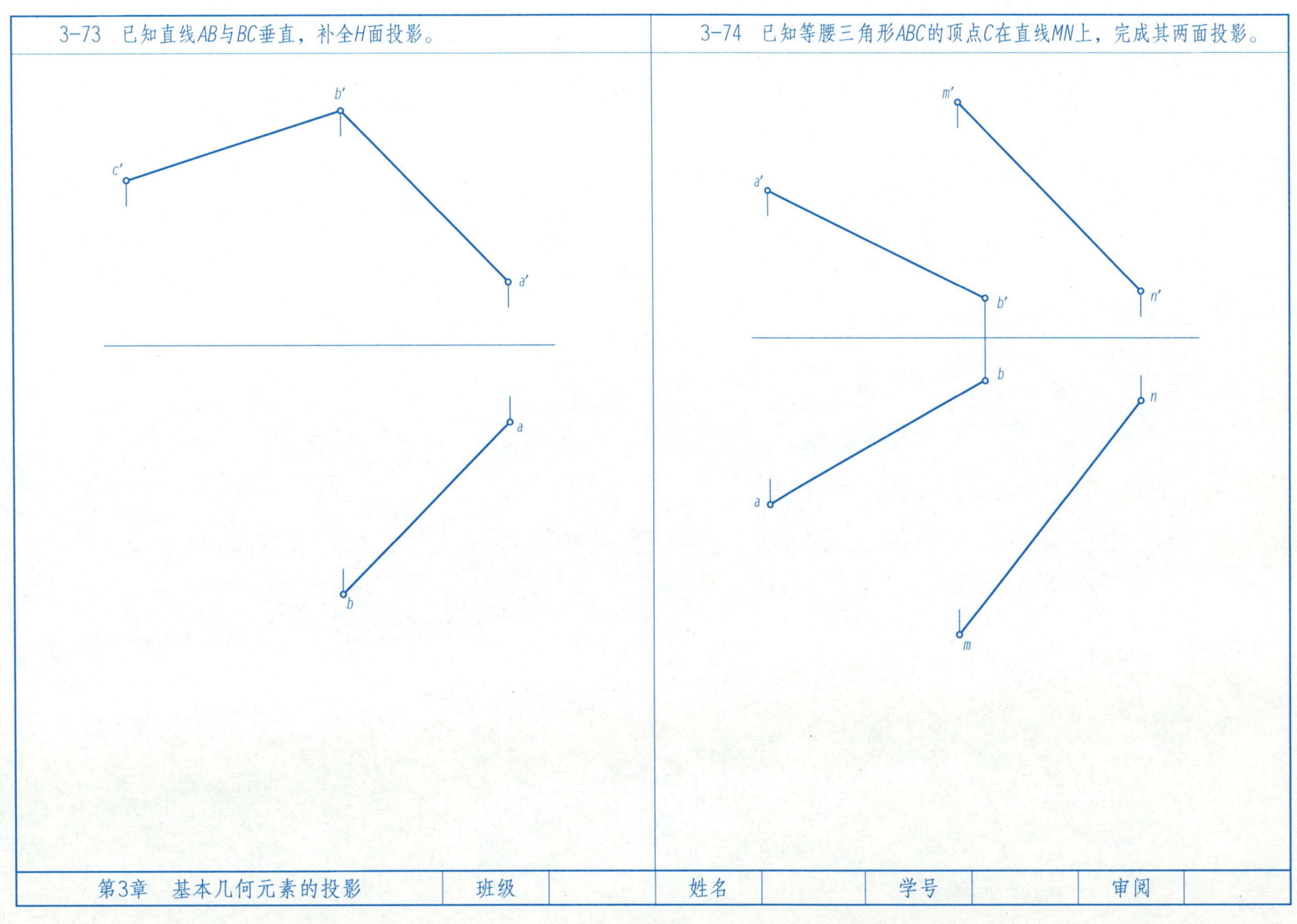

第3章 基本几何元素的投影 | 班级 | | 姓名 | | 学号 | | 审阅 |

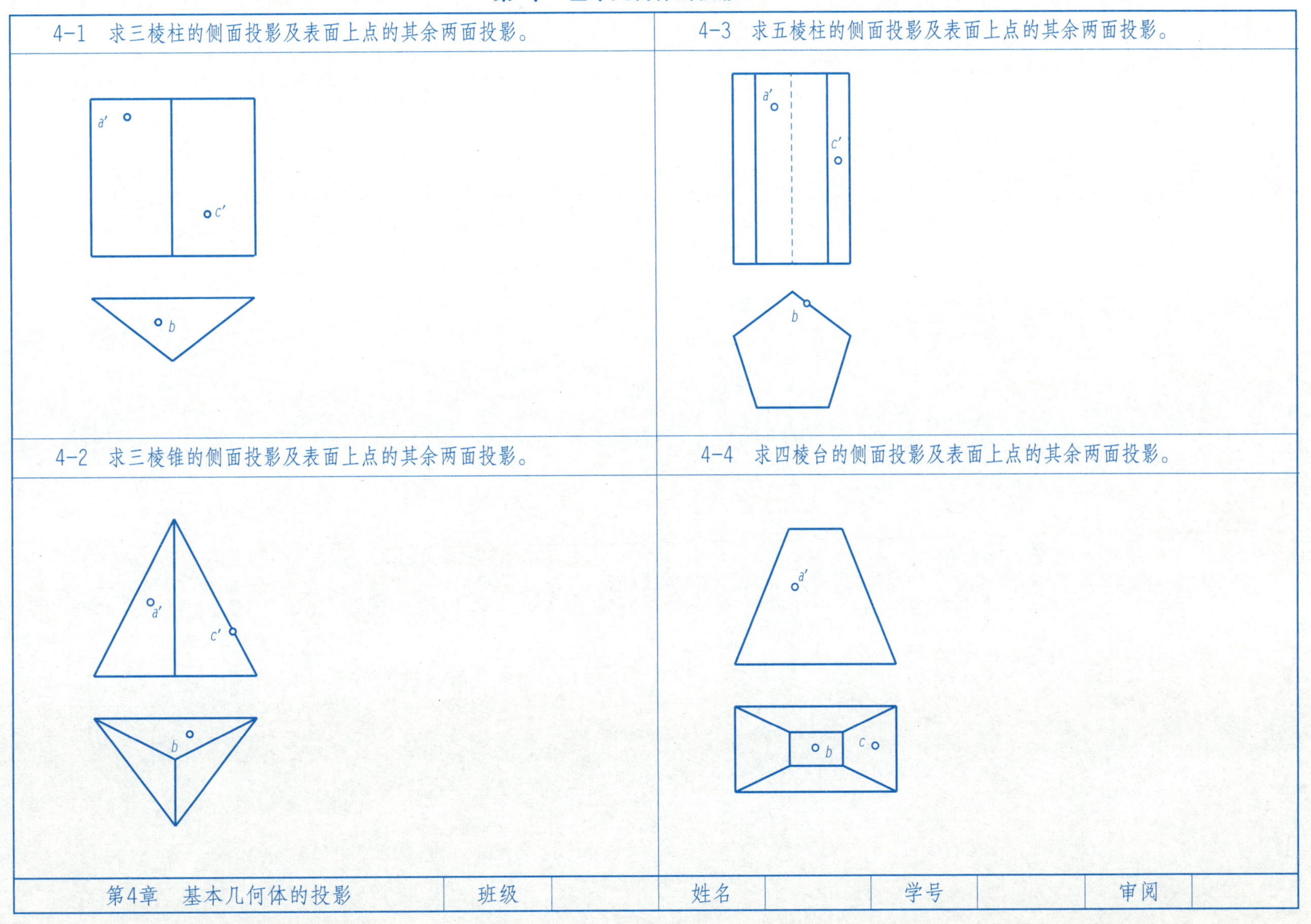
4-1　求三棱柱的侧面投影及表面上点的其余两面投影。
a′
c′
b
4-3　求五棱柱的侧面投影及表面上点的其余两面投影。
a′
c′
b
4-2　求三棱锥的侧面投影及表面上点的其余两面投影。
a′
c′
b
4-4　求四棱台的侧面投影及表面上点的其余两面投影。
a′
b
c
第4章　基本几何体的投影
班级
姓名
学号
审阅

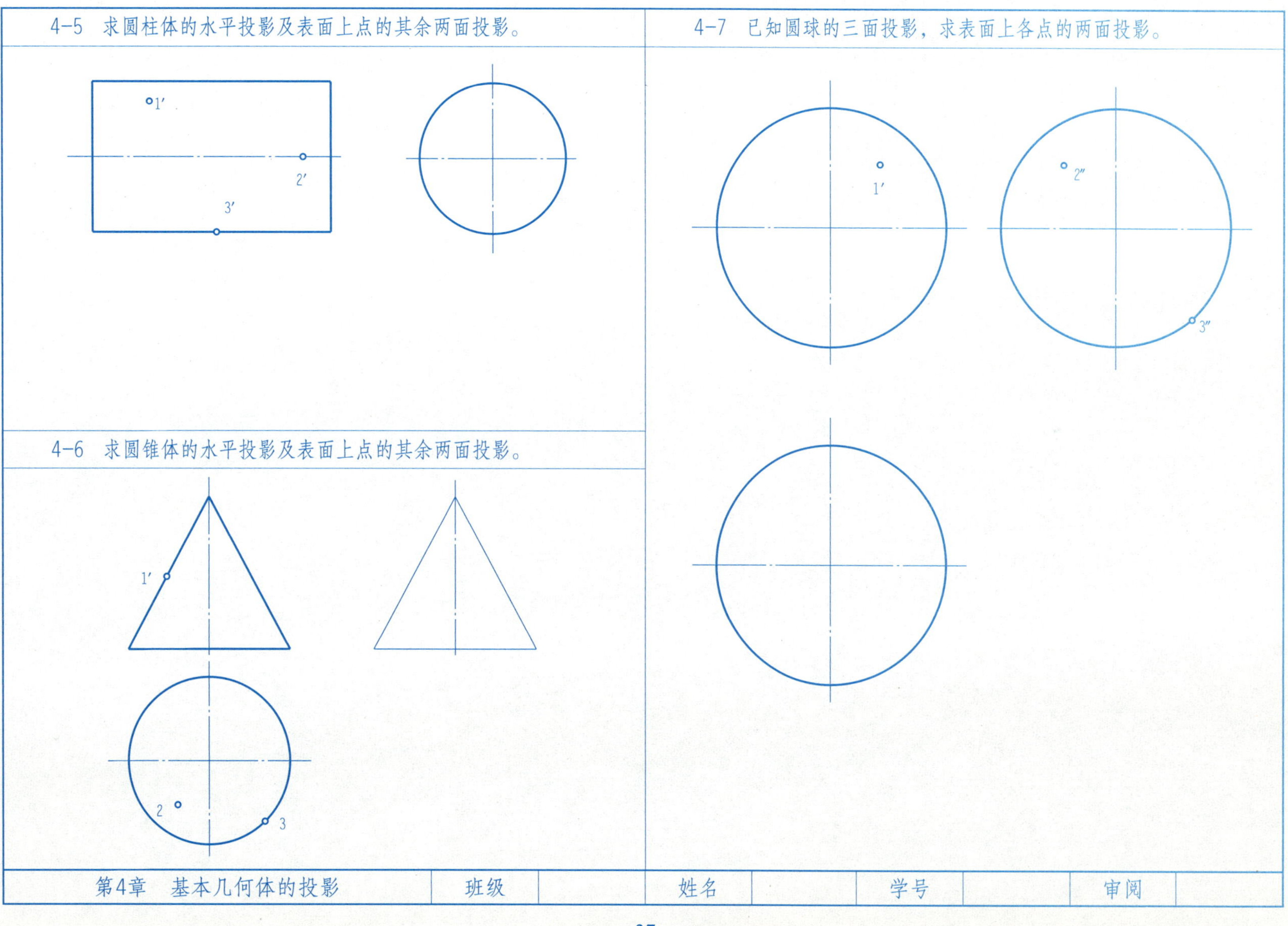
4-5 求圆柱体的水平投影及表面上点的其余两面投影。
1′
2′
3′
4-6 求圆锥体的水平投影及表面上点的其余两面投影。
1′
2
3
4-7 已知圆球的三面投影，求表面上各点的两面投影。
1′
2″
3″
第4章 基本几何体的投影
班级
姓名
学号
审阅

5-1　完成被截切平面基本几何体的三面投影图。

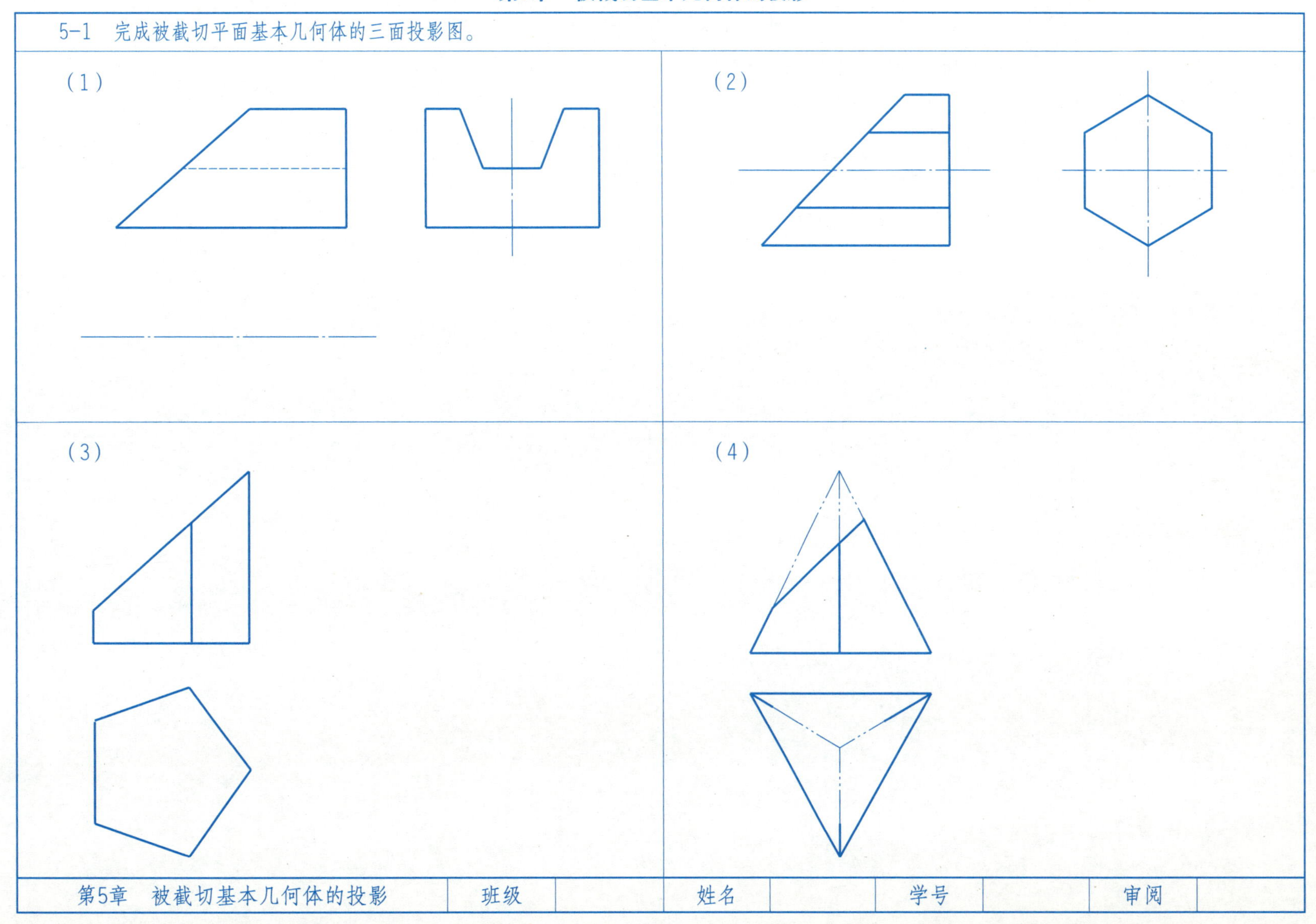

第5章　被截切基本几何体的投影	班级		姓名		学号		审阅	

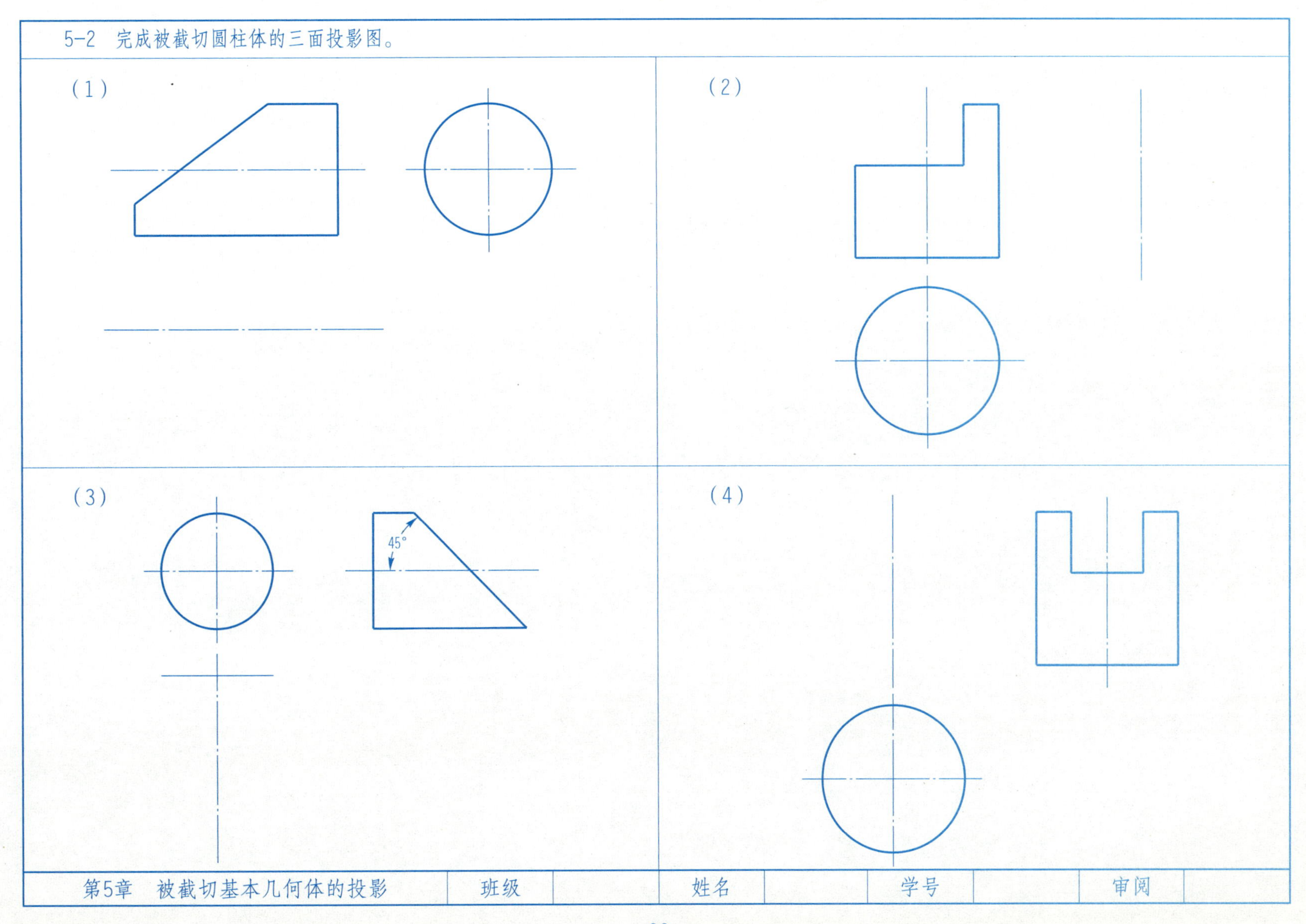
5-2 完成被截切圆柱体的三面投影图。
(1)
(2)
(3)
45°
(4)
第5章 被截切基本几何体的投影
班级
姓名
学号
审阅

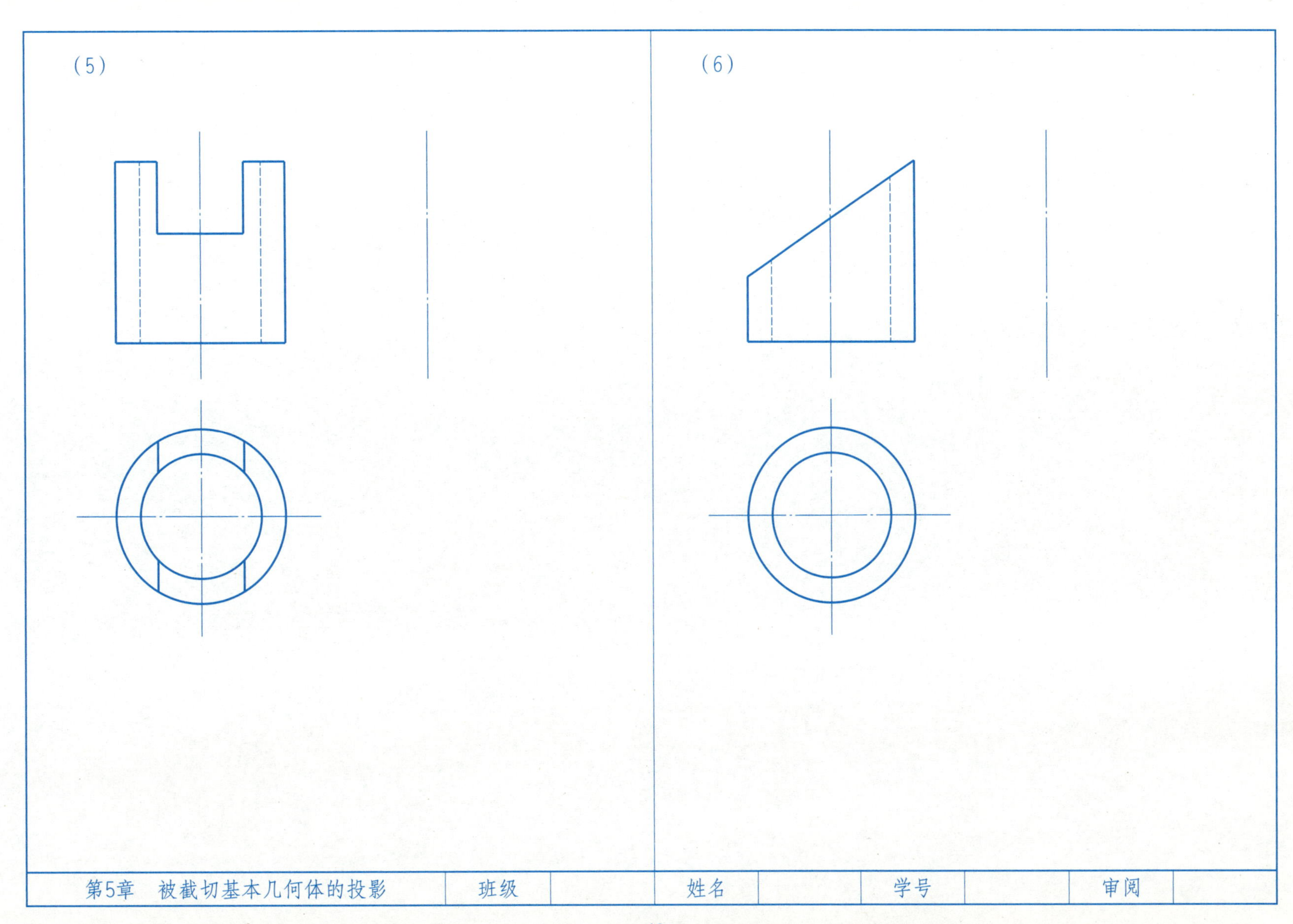

第5章 被截切基本几何体的投影	班级		姓名		学号		审阅	

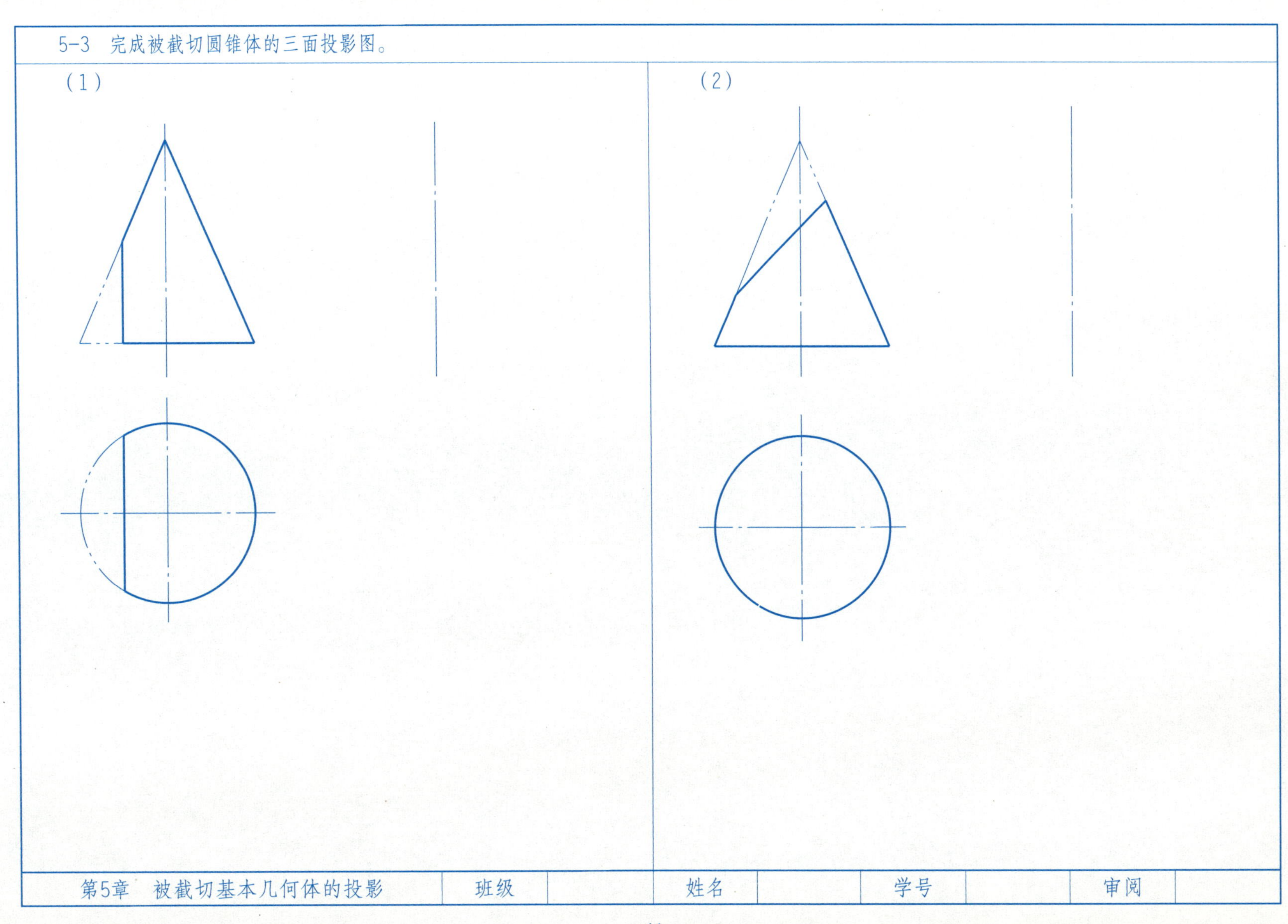
5-3 完成被截切圆锥体的三面投影图。
(1)
(2)
第5章 被截切基本几何体的投影
班级
姓名
学号
审阅

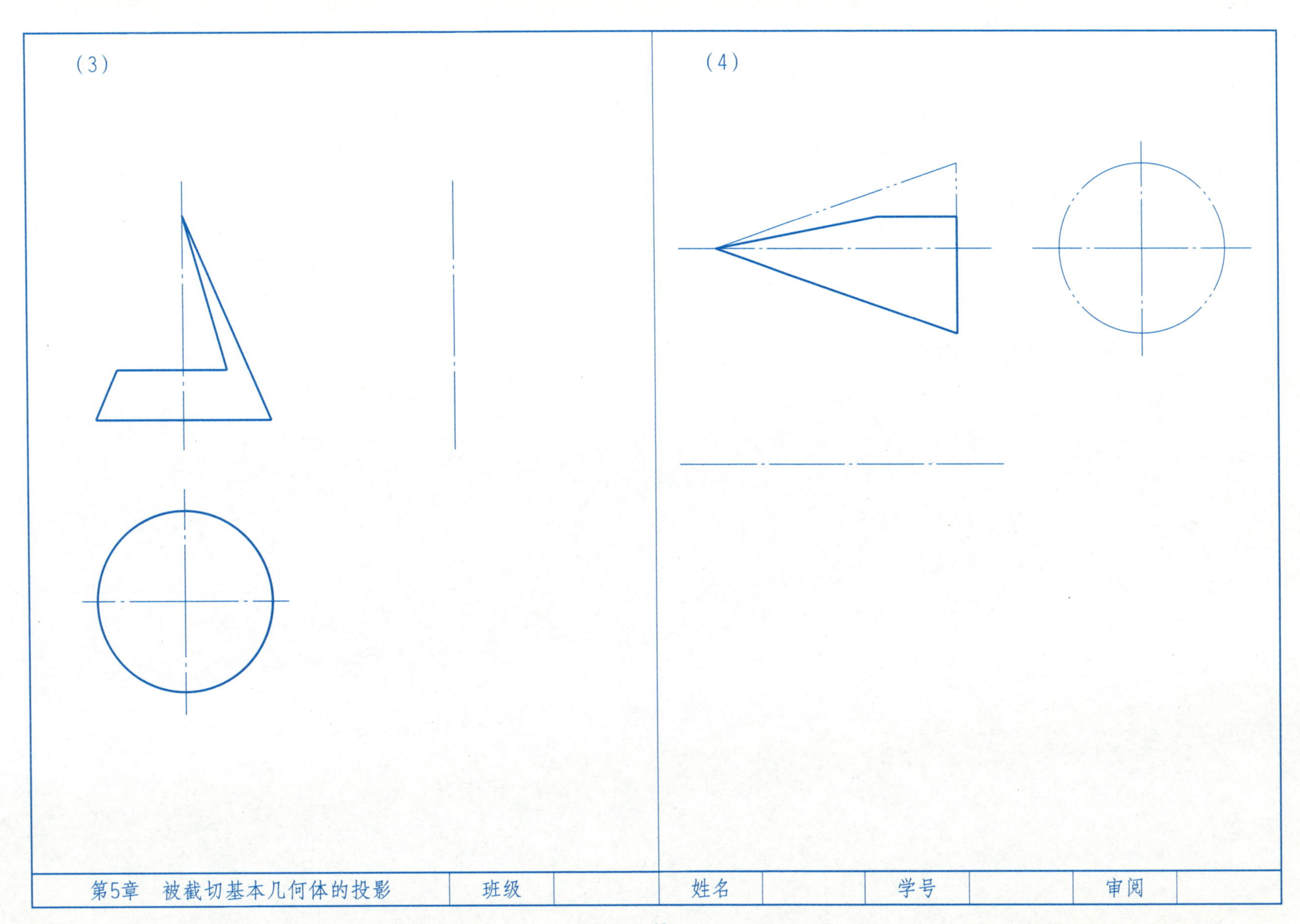

第5章　被截切基本几何体的投影	班级		姓名		学号		审阅	

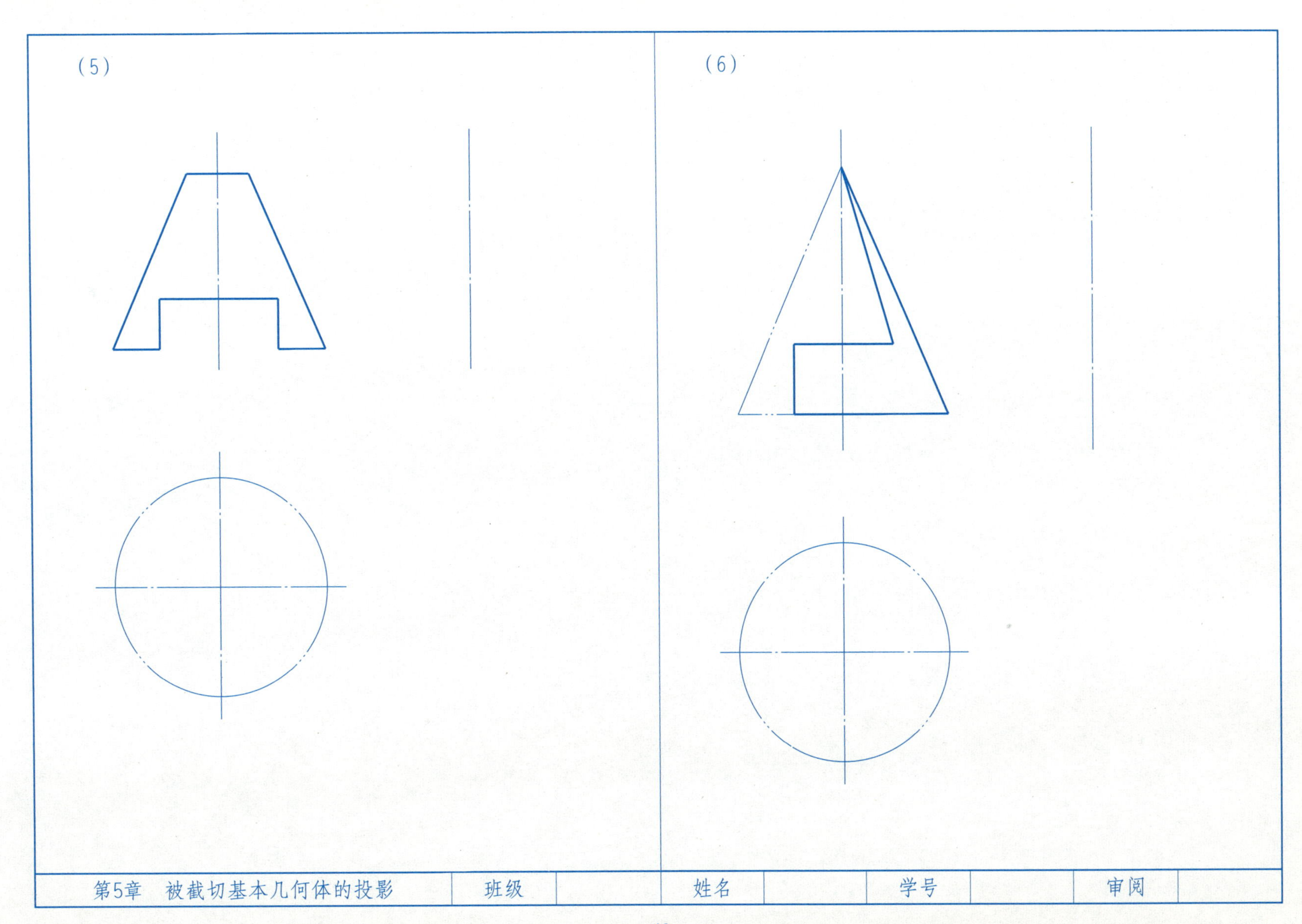

第5章　被截切基本几何体的投影	班级		姓名		学号		审阅	

5-4 完成被截切圆球体的三面投影图。

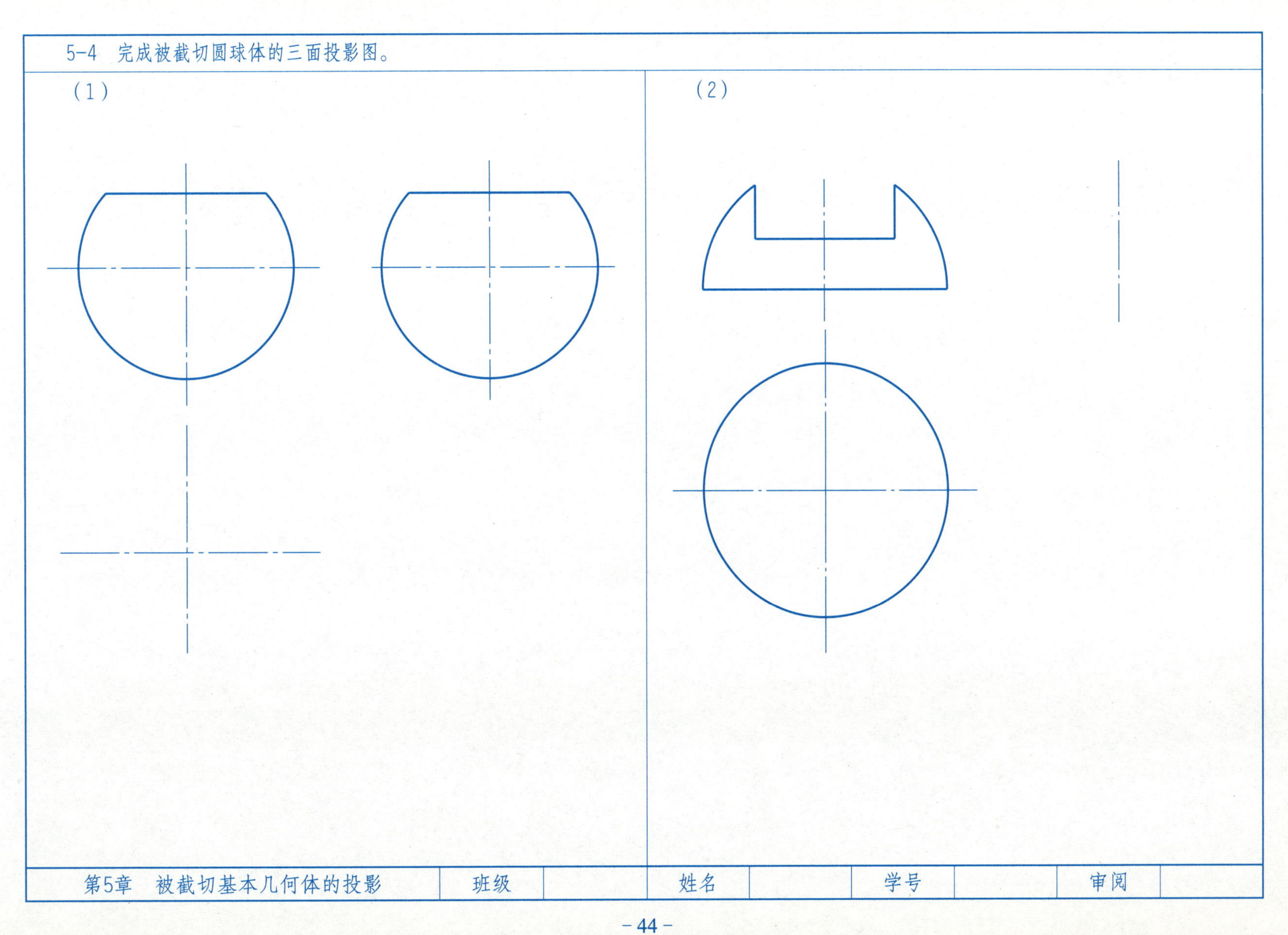

第5章 被截切基本几何体的投影	班级		姓名		学号		审阅	

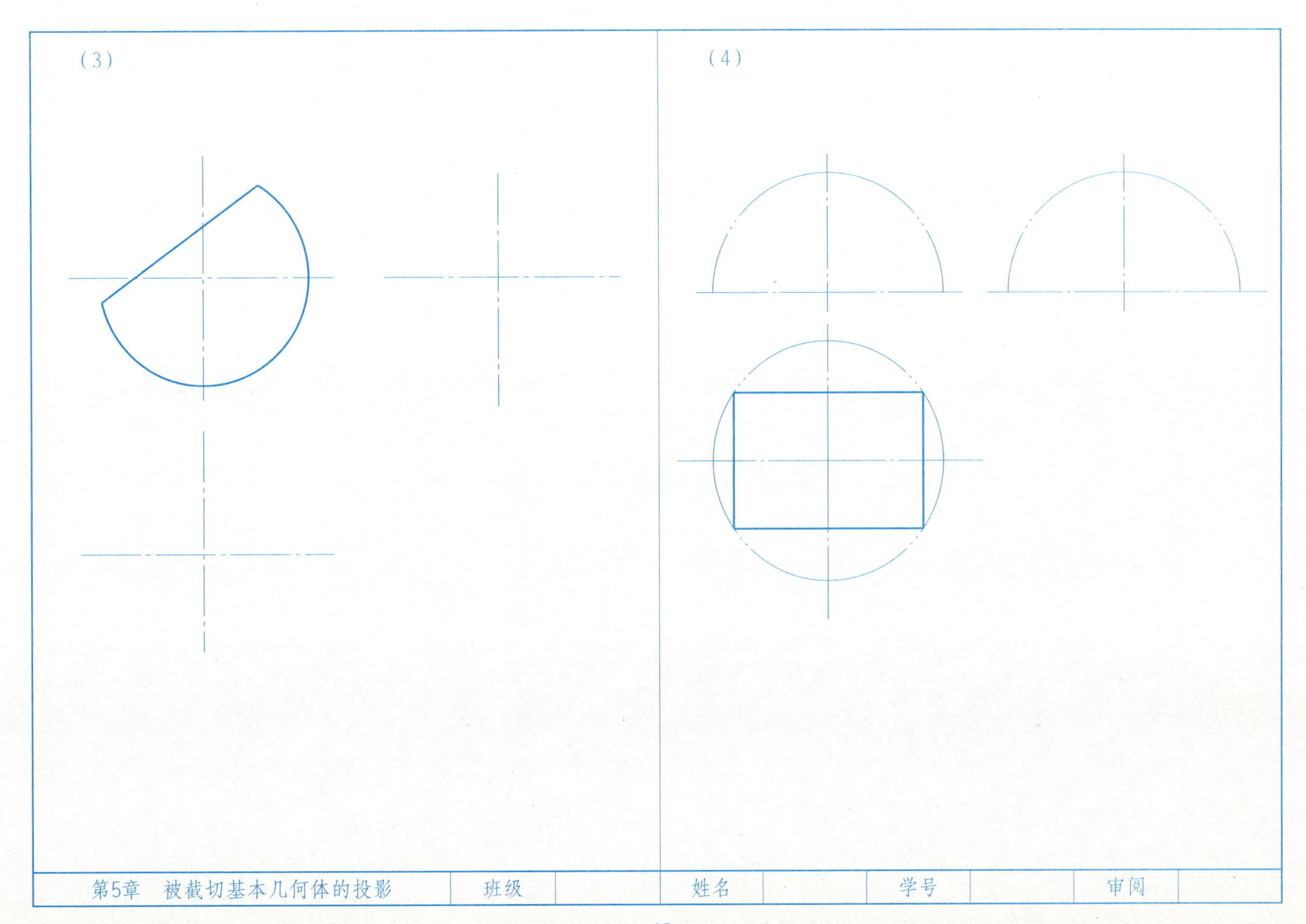

第5章　被截切基本几何体的投影	班级		姓名		学号		审阅	

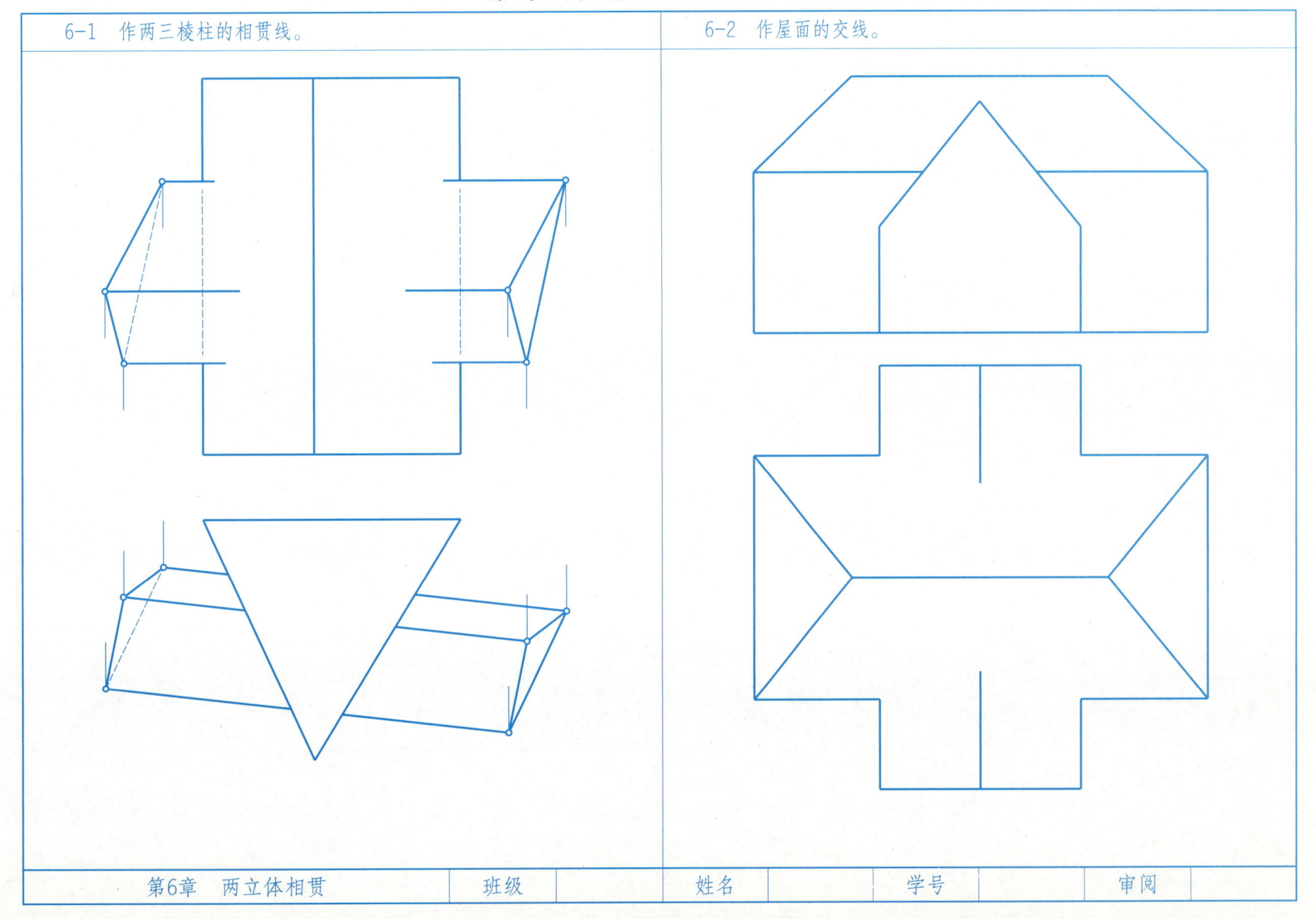
6-1　作两三棱柱的相贯线。
6-2　作屋面的交线。
第6章　两立体相贯
班级
姓名
学号
审阅

6-3 作三棱柱与三棱锥的相贯线。

6-4 作四棱柱与四棱锥的相贯线。

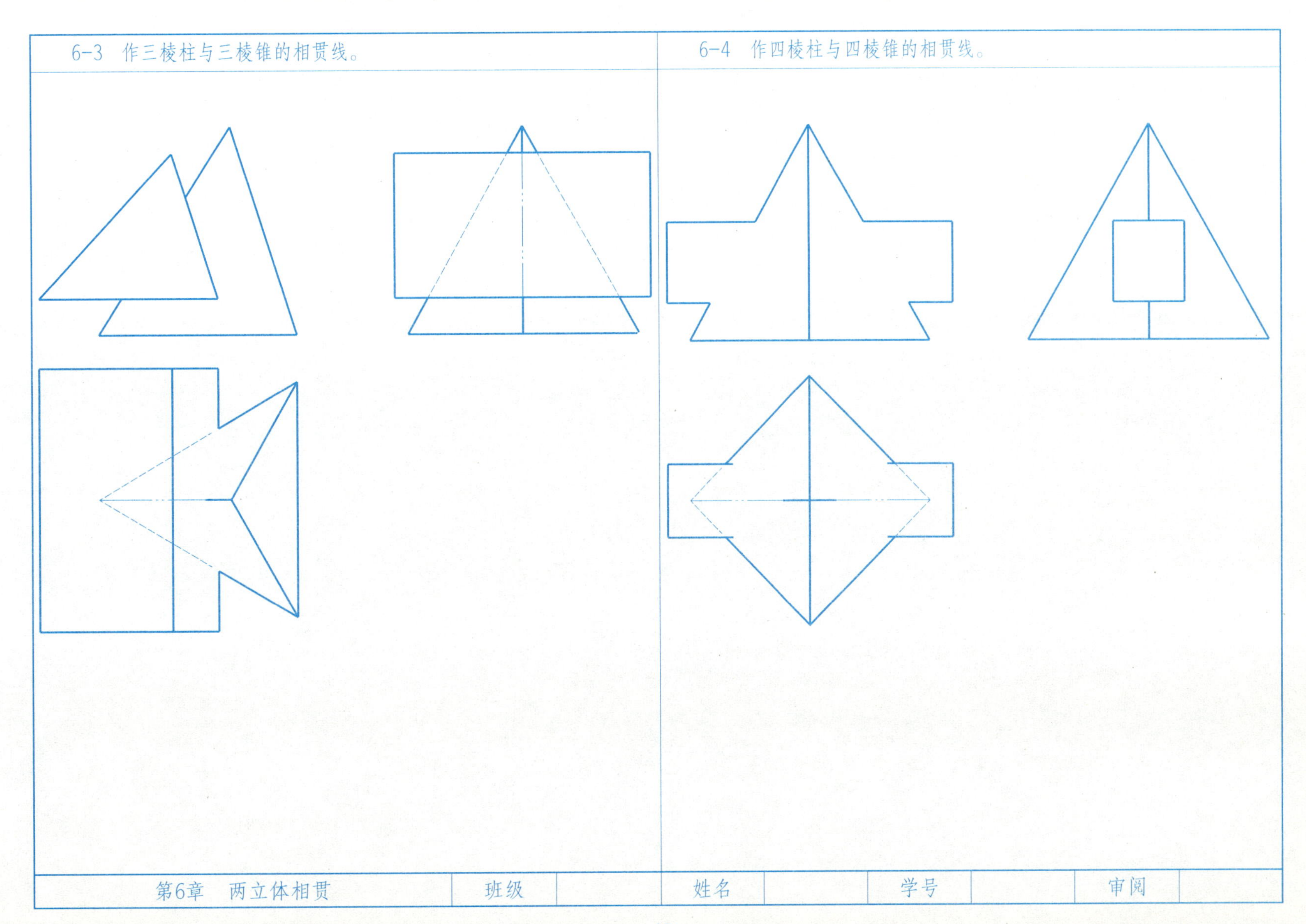

第6章 两立体相贯

班级		姓名		学号		审阅	

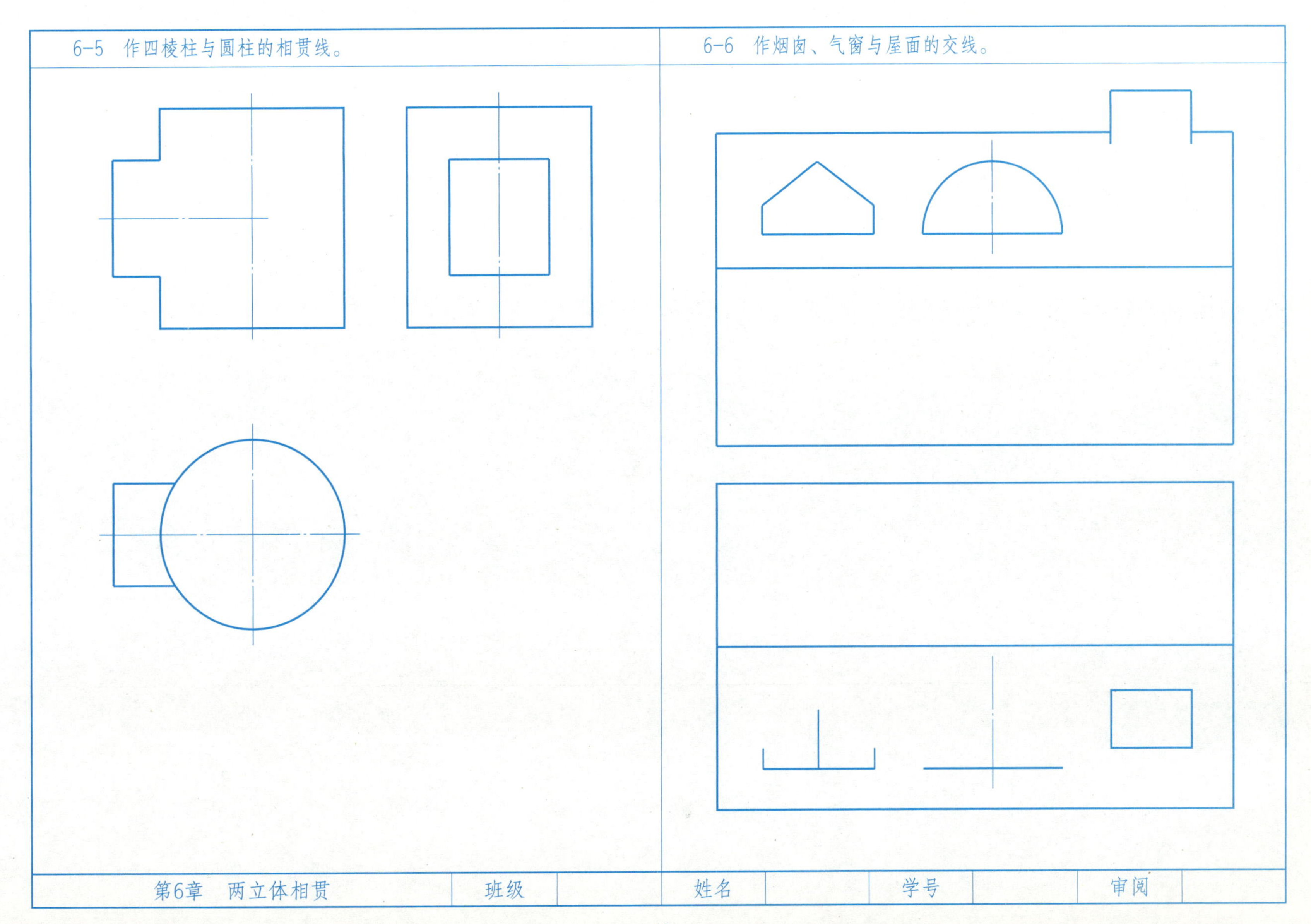
6-5 作四棱柱与圆柱的相贯线。
6-6 作烟囱、气窗与屋面的交线。
第6章 两立体相贯
班级
姓名
学号
审阅

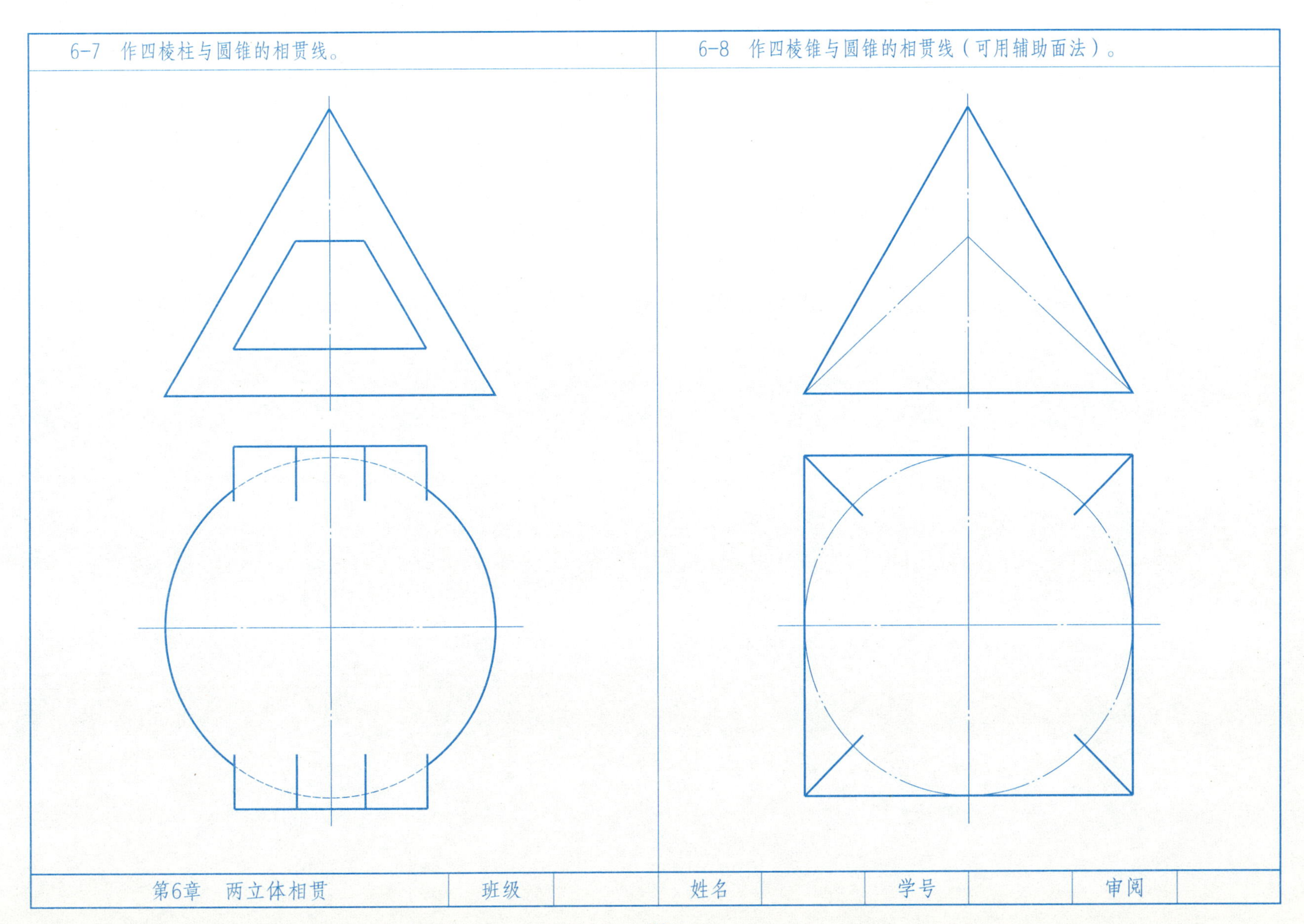
6-7 作四棱柱与圆锥的相贯线。
6-8 作四棱锥与圆锥的相贯线（可用辅助面法）。
第6章 两立体相贯
班级
姓名
学号
审阅

6-9 作相贯线。

6-10 作两正交圆柱的相贯线。

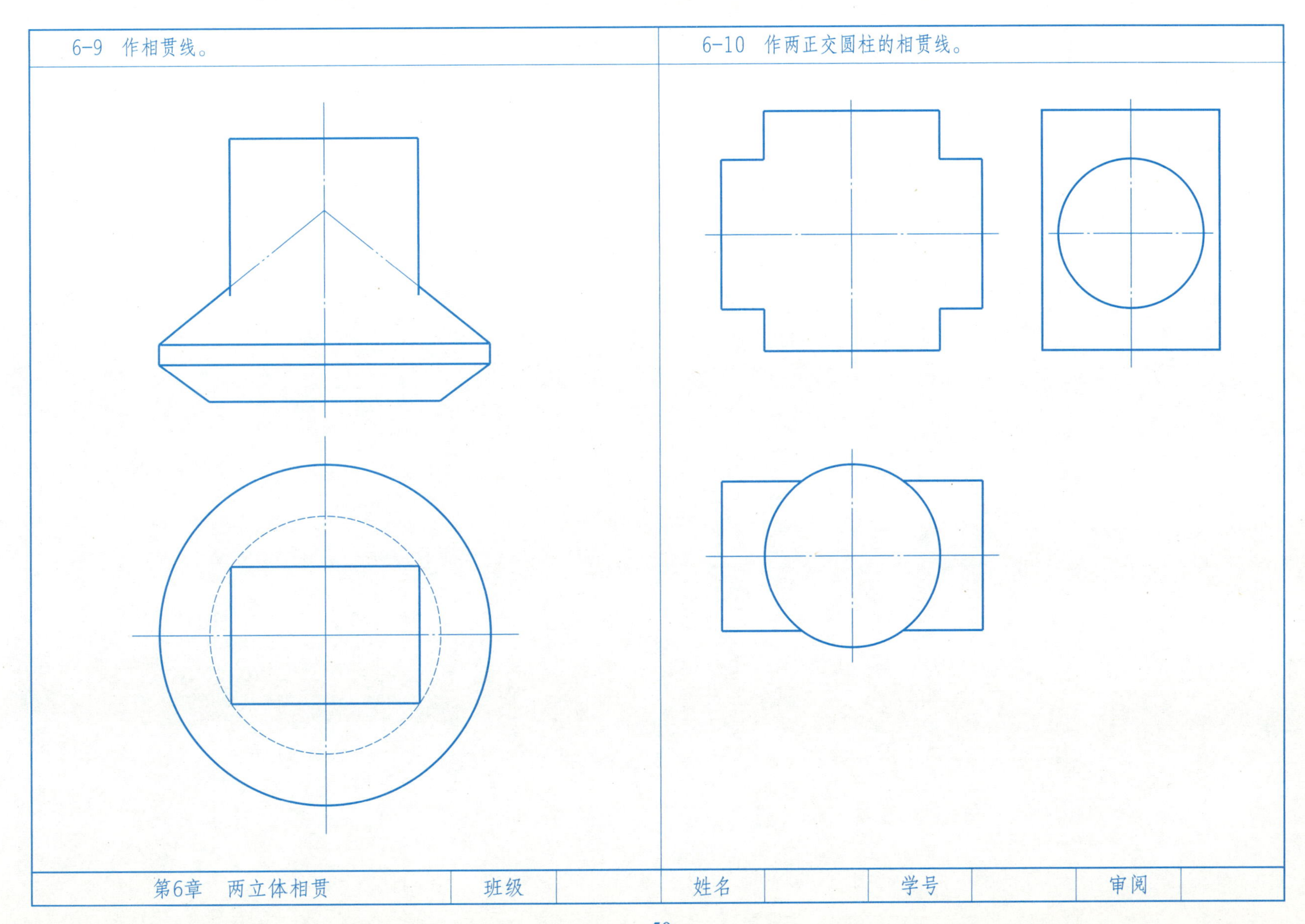

第6章 两立体相贯	班级		姓名		学号		审阅	

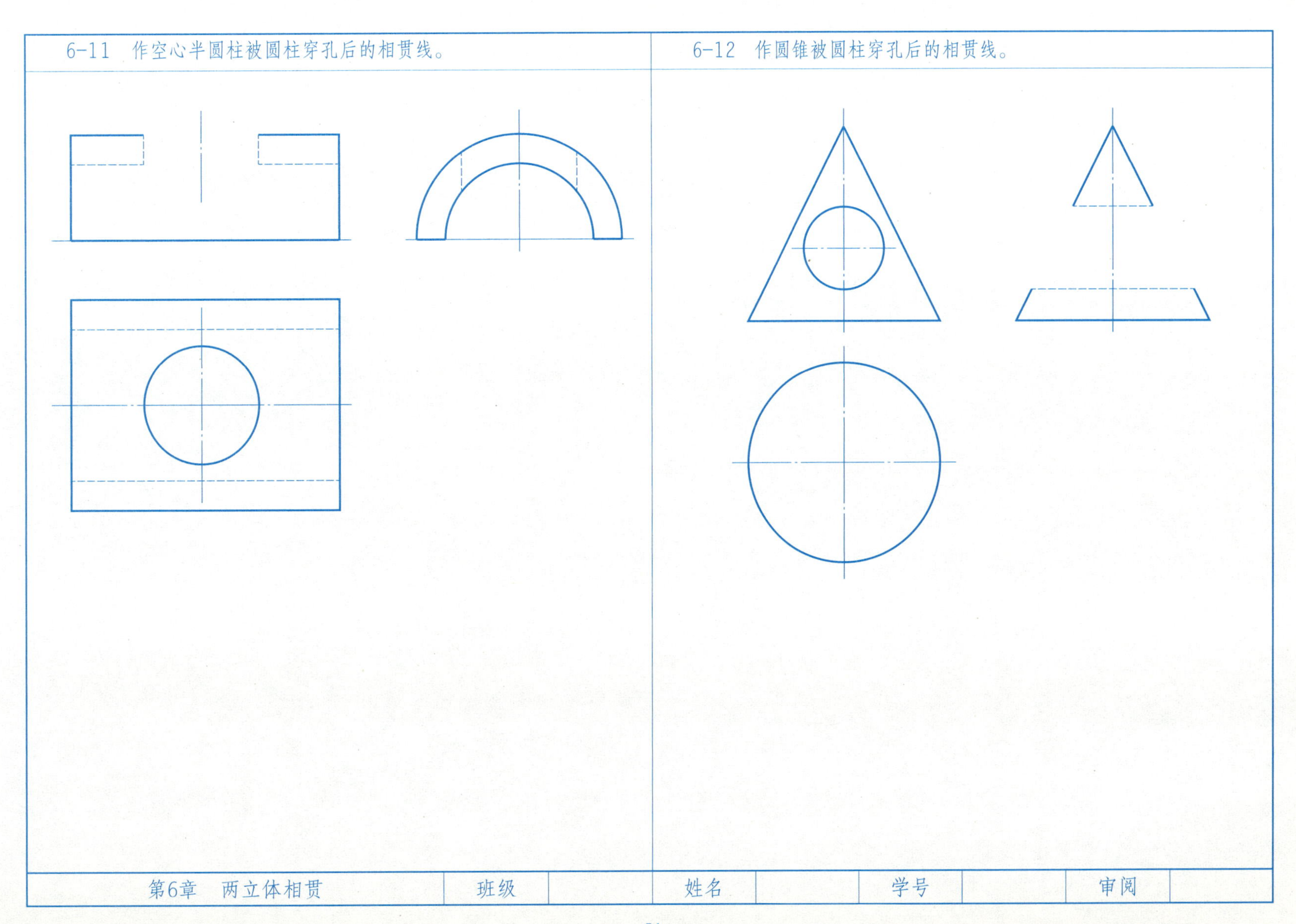

6-11 作空心半圆柱被圆柱穿孔后的相贯线。
6-12 作圆锥被圆柱穿孔后的相贯线。
第6章 两立体相贯
班级
姓名
学号
审阅

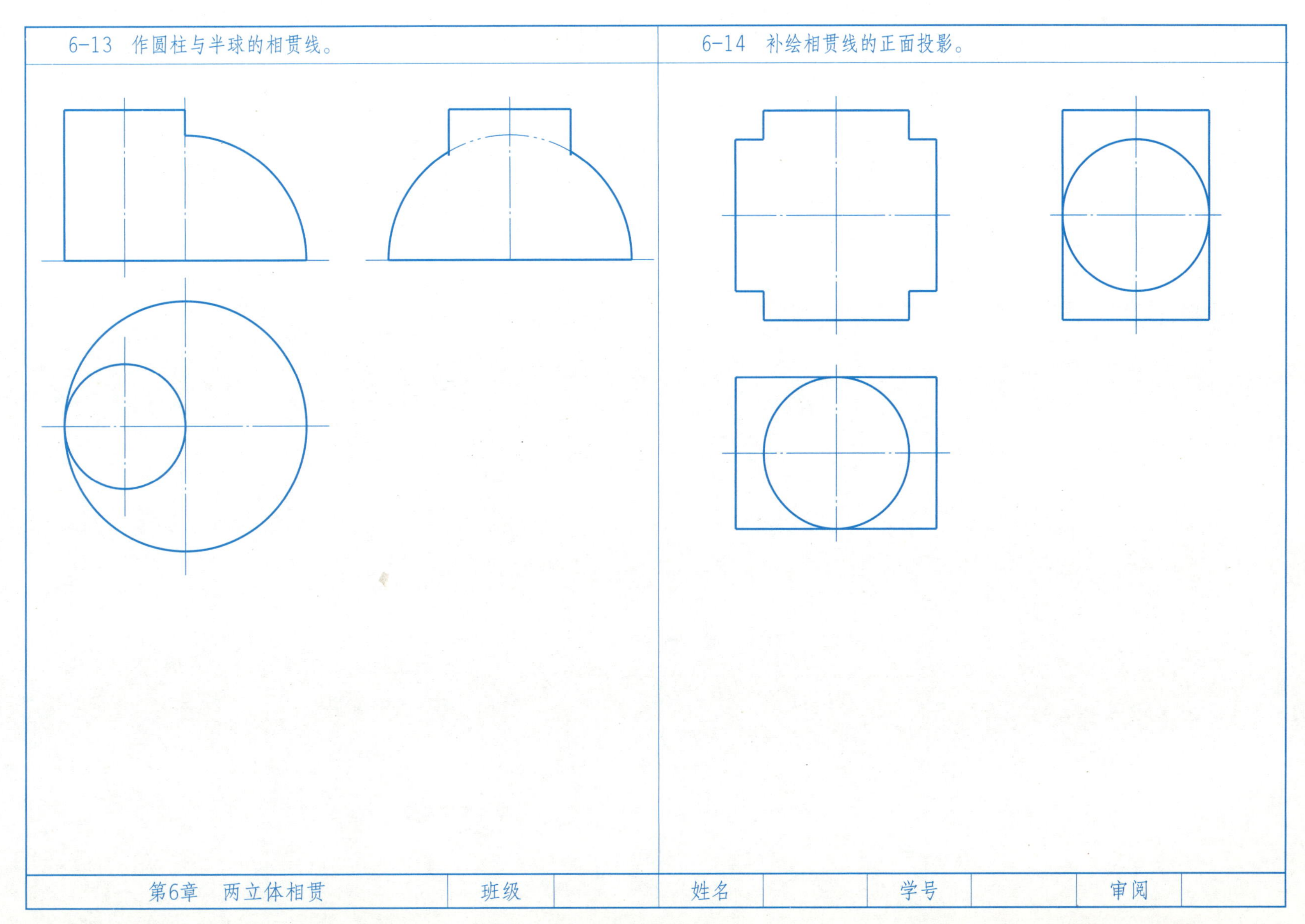
6-13 作圆柱与半球的相贯线。
6-14 补绘相贯线的正面投影。
第6章 两立体相贯
班级
姓名
学号
审阅

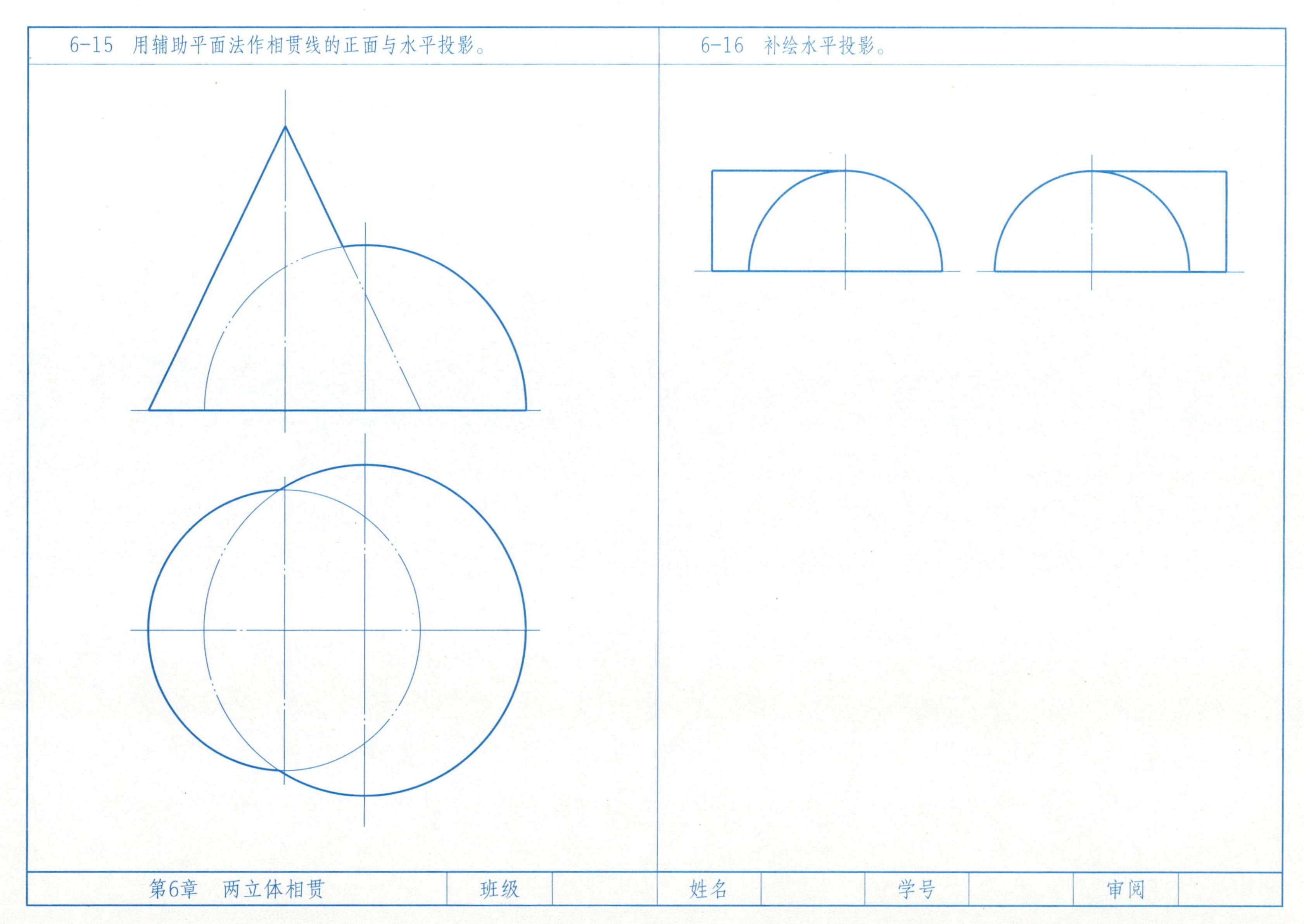
6-15 用辅助平面法作相贯线的正面与水平投影。
6-16 补绘水平投影。
第6章 两立体相贯
班级
姓名
学号
审阅

7-1　绘制正等测或其他类型的轴测图。

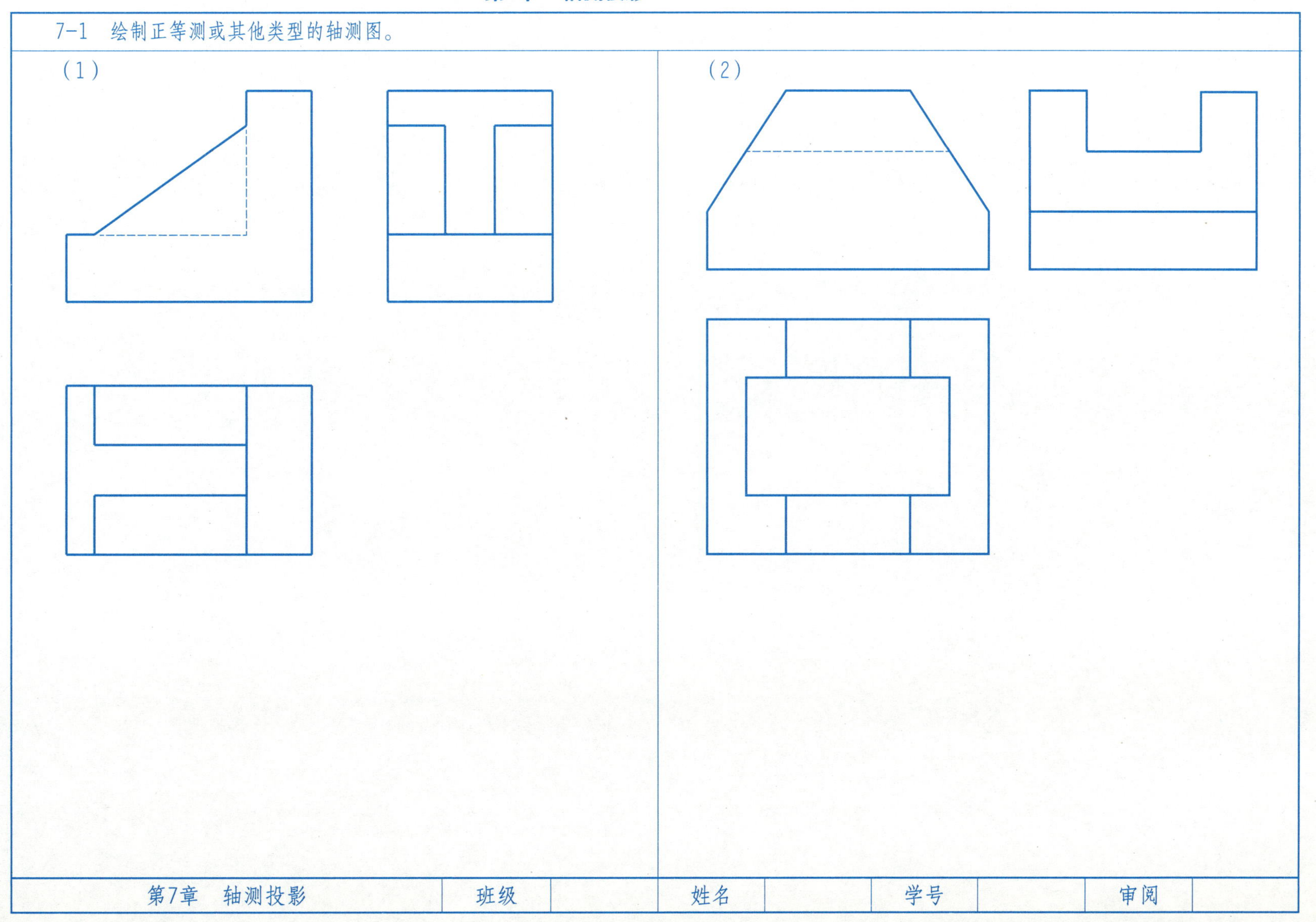

第7章　轴测投影	班级		姓名		学号		审阅	

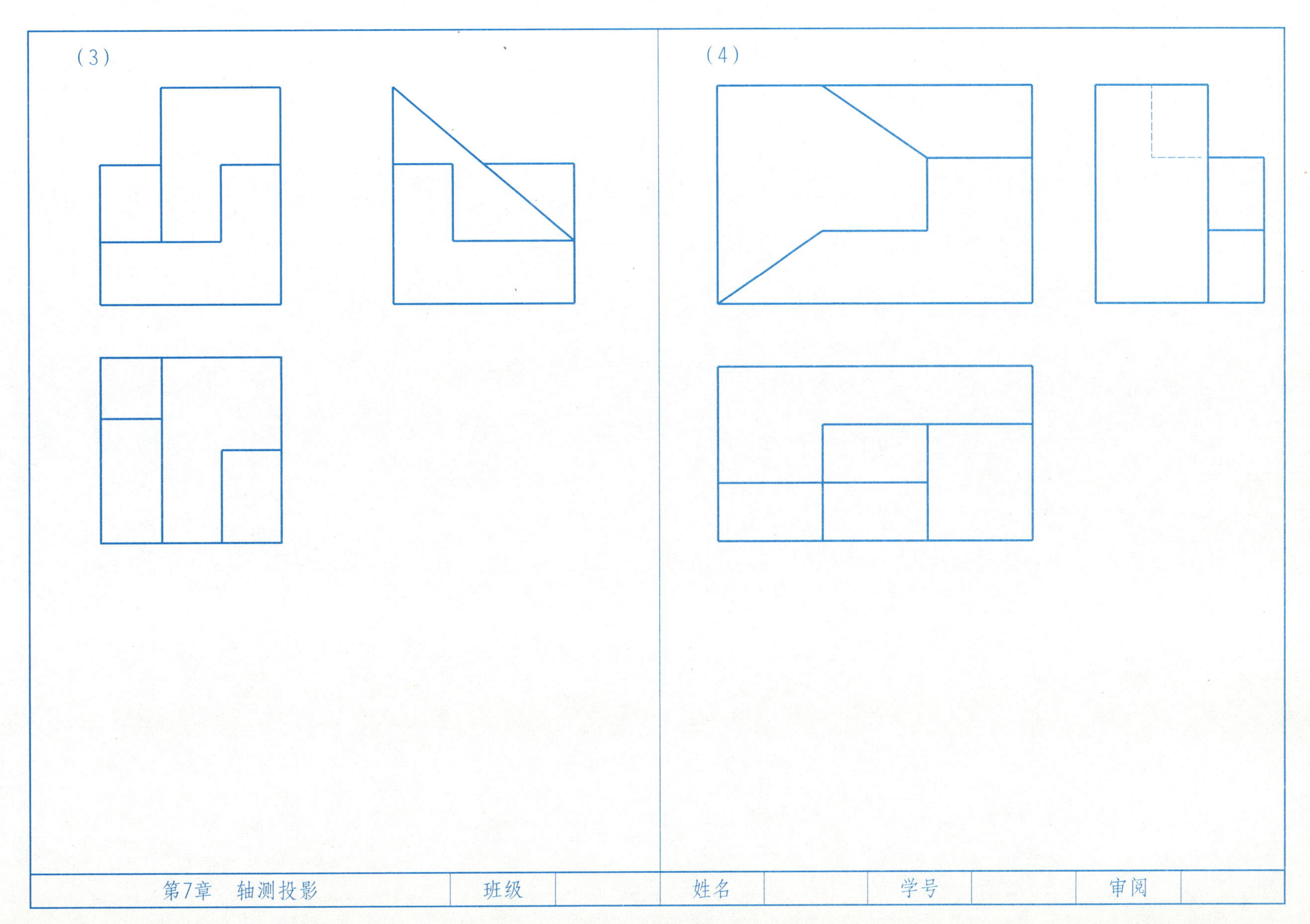
(3)
(4)
第7章　轴测投影
班级
姓名
学号
审阅

7-2　绘制正等测或其他类型的轴测图。

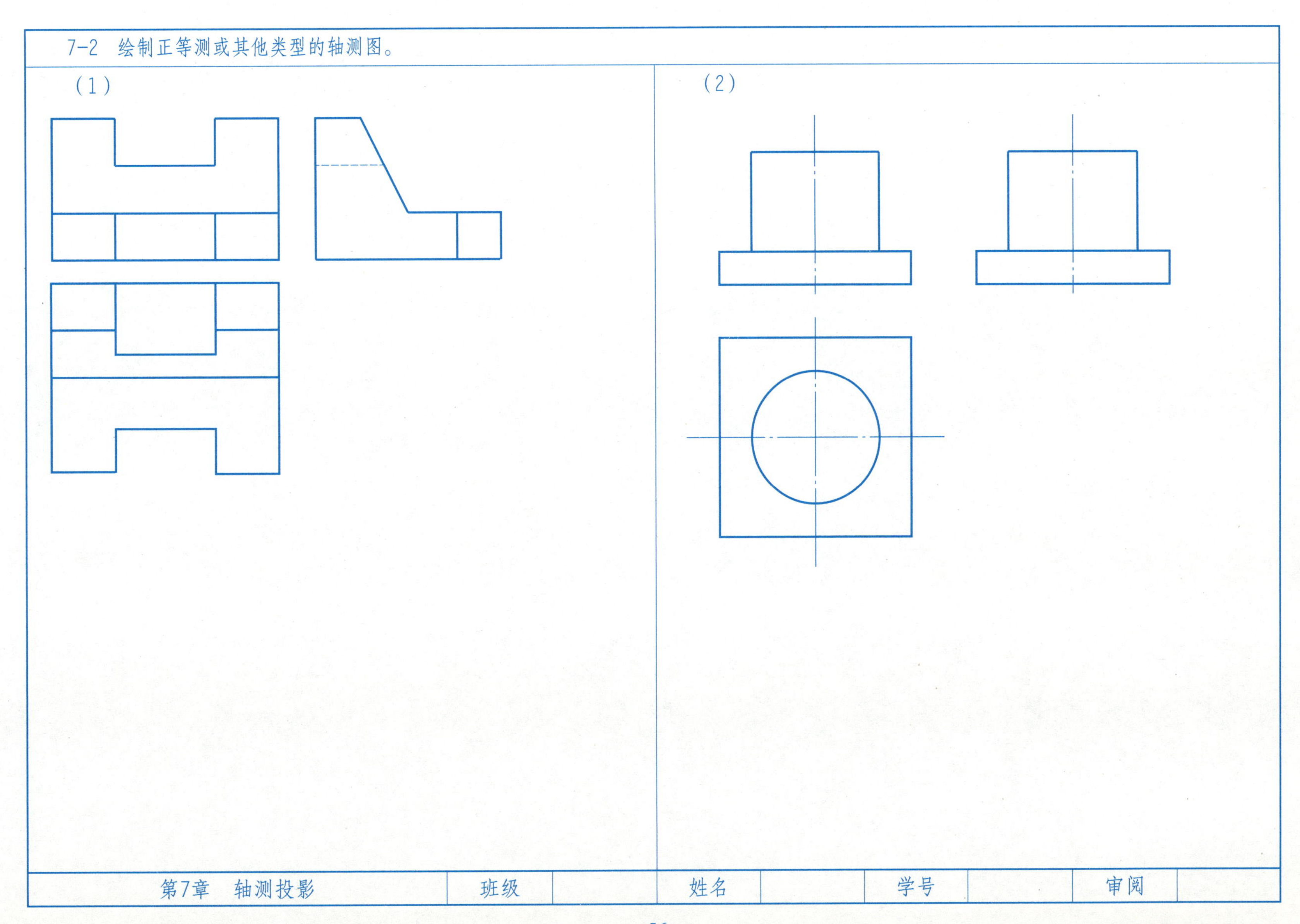

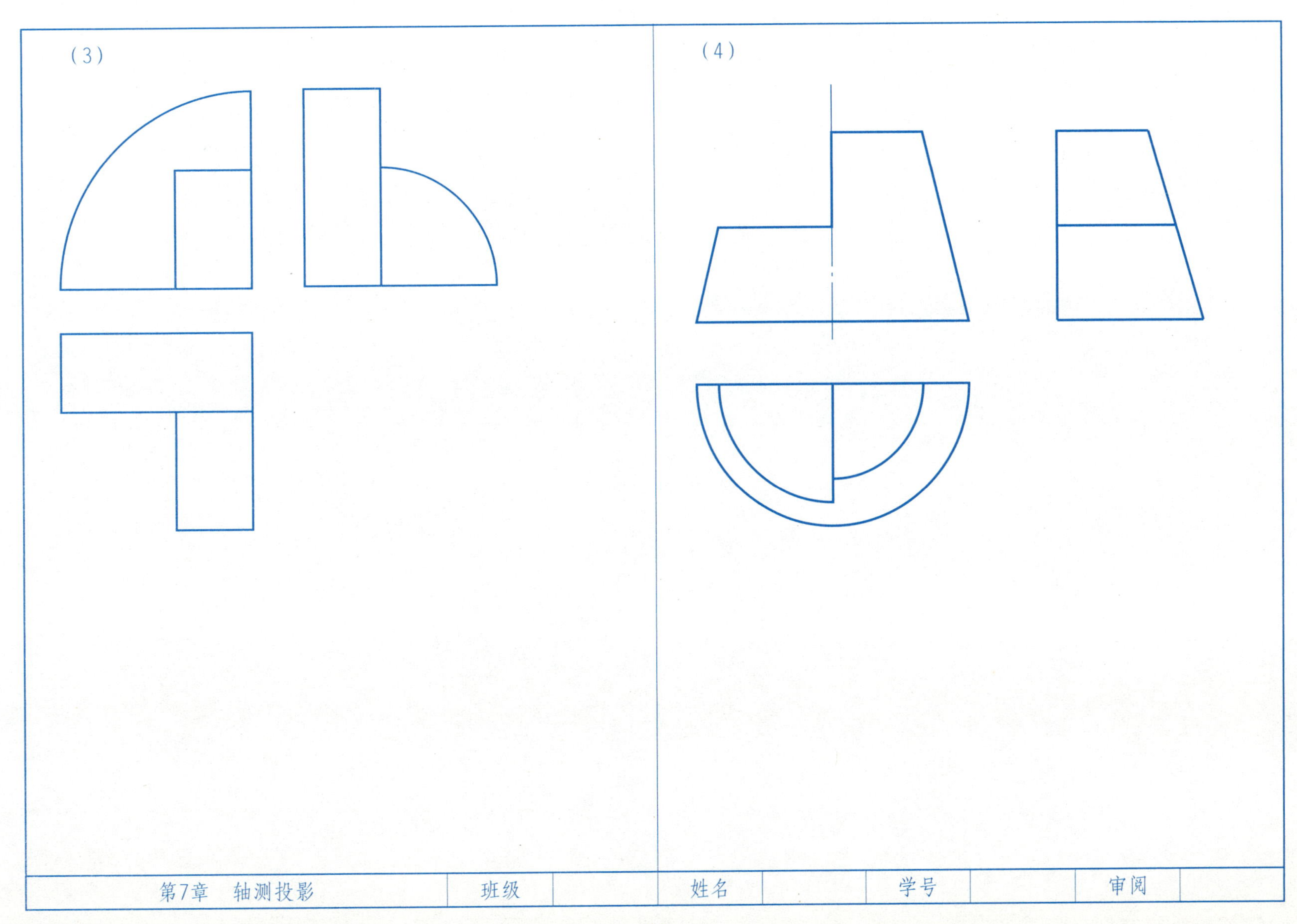

第7章　轴测投影	班级		姓名		学号		审阅	

8-1　根据立体图找投影图。

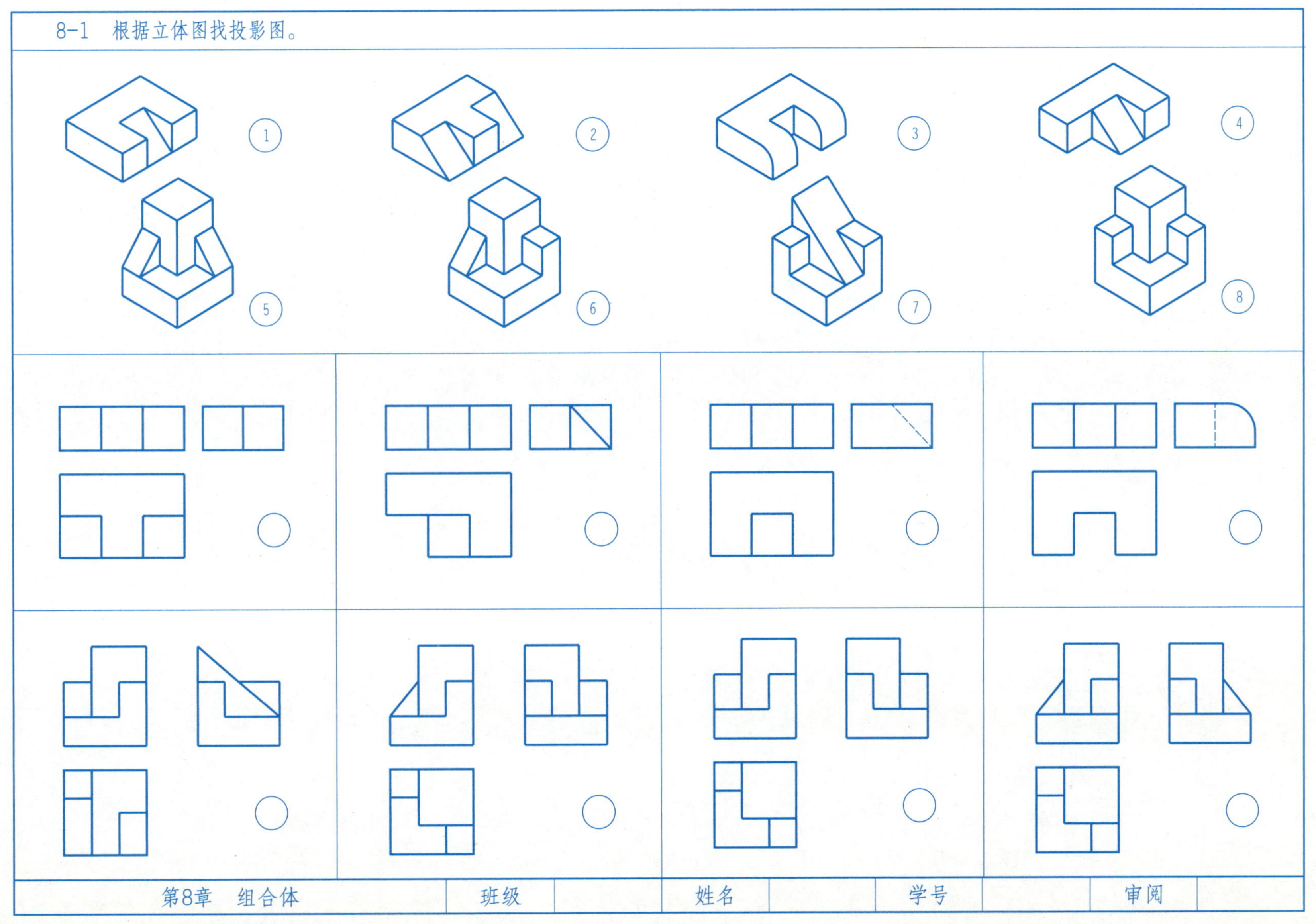

第8章　组合体	班级		姓名		学号		审阅	

8-2 根据立体图找投影图。

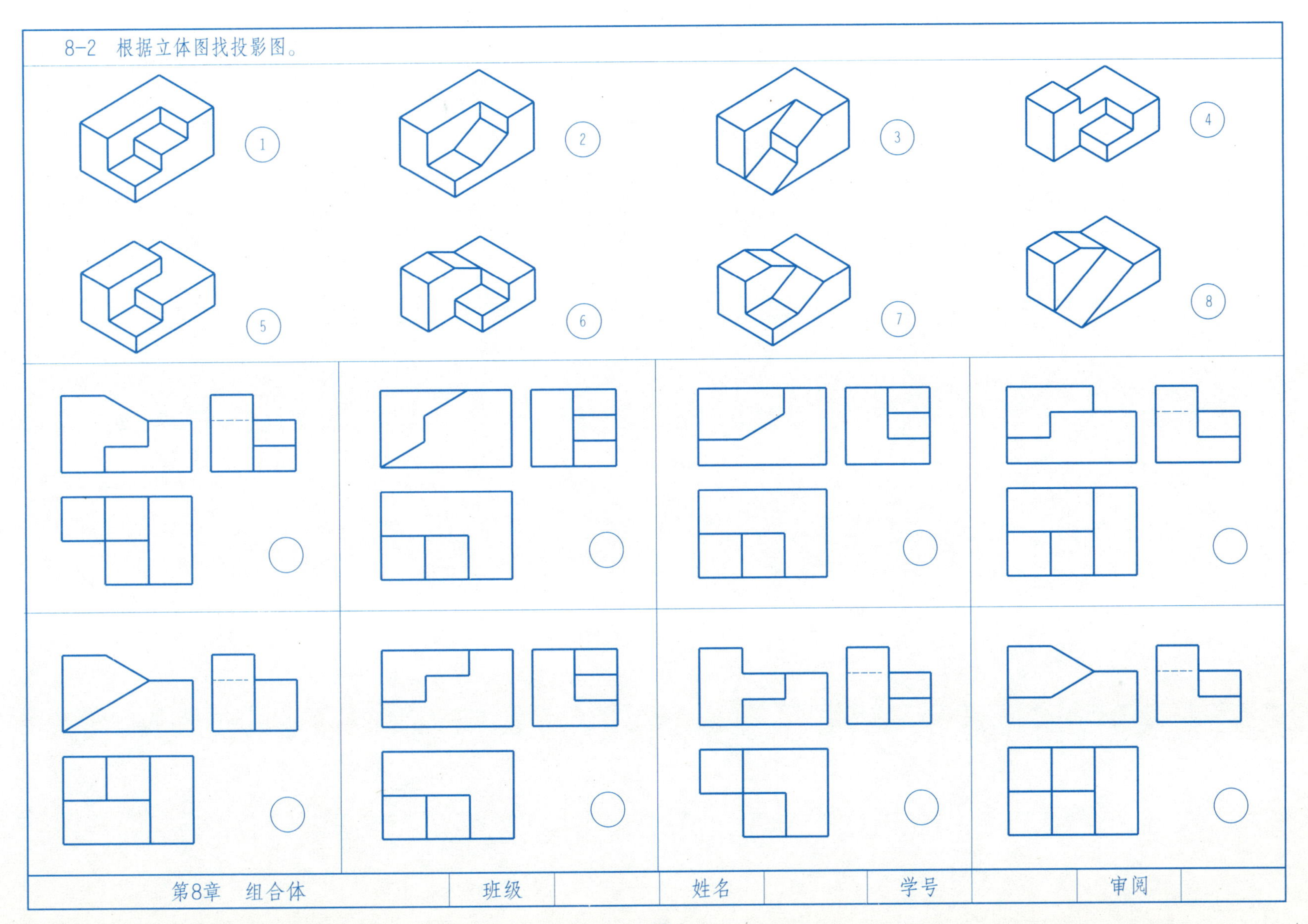

第8章 组合体	班级		姓名		学号		审阅	

8-3 根据立体图完成其三面图。

(1)

(2)

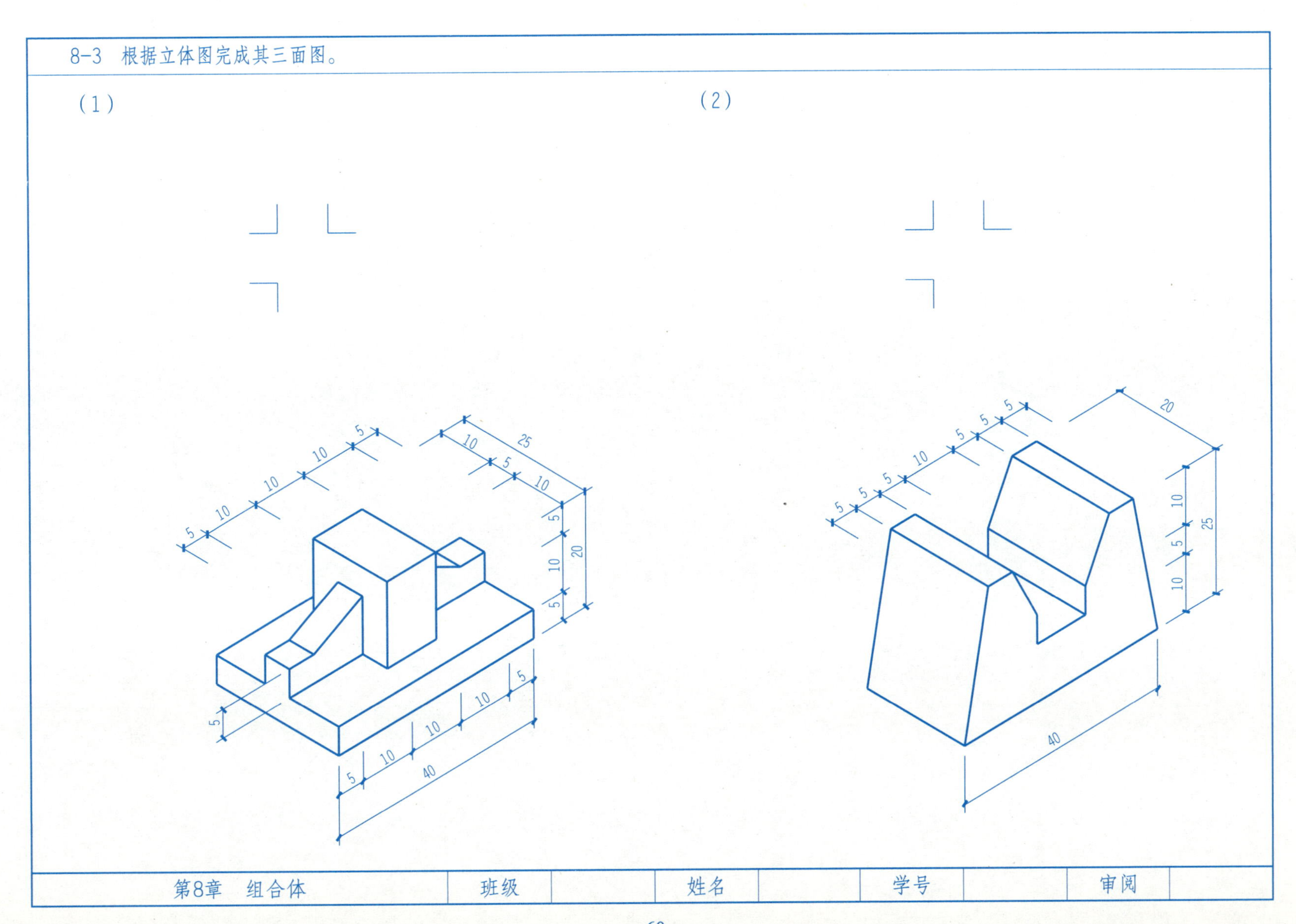

第8章 组合体	班级		姓名		学号		审阅	

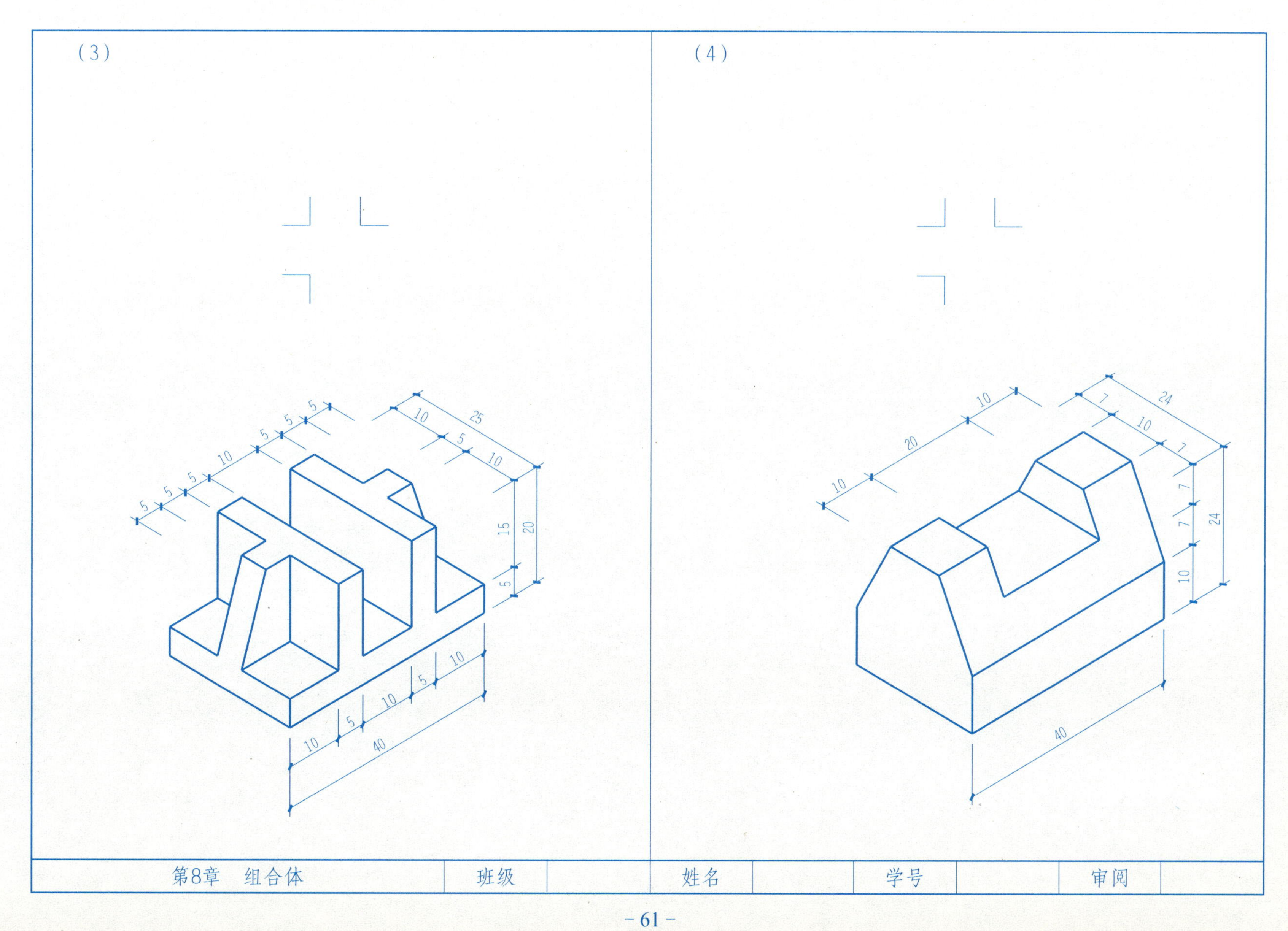
(3)
5
5
5
10
5
5
5
10
25
5
10
15
20
5
10
5
10
5
10
40
(4)
10
20
10
24
7
10
7
7
7
24
10
40
第8章　组合体
班级
姓名
学号
审阅

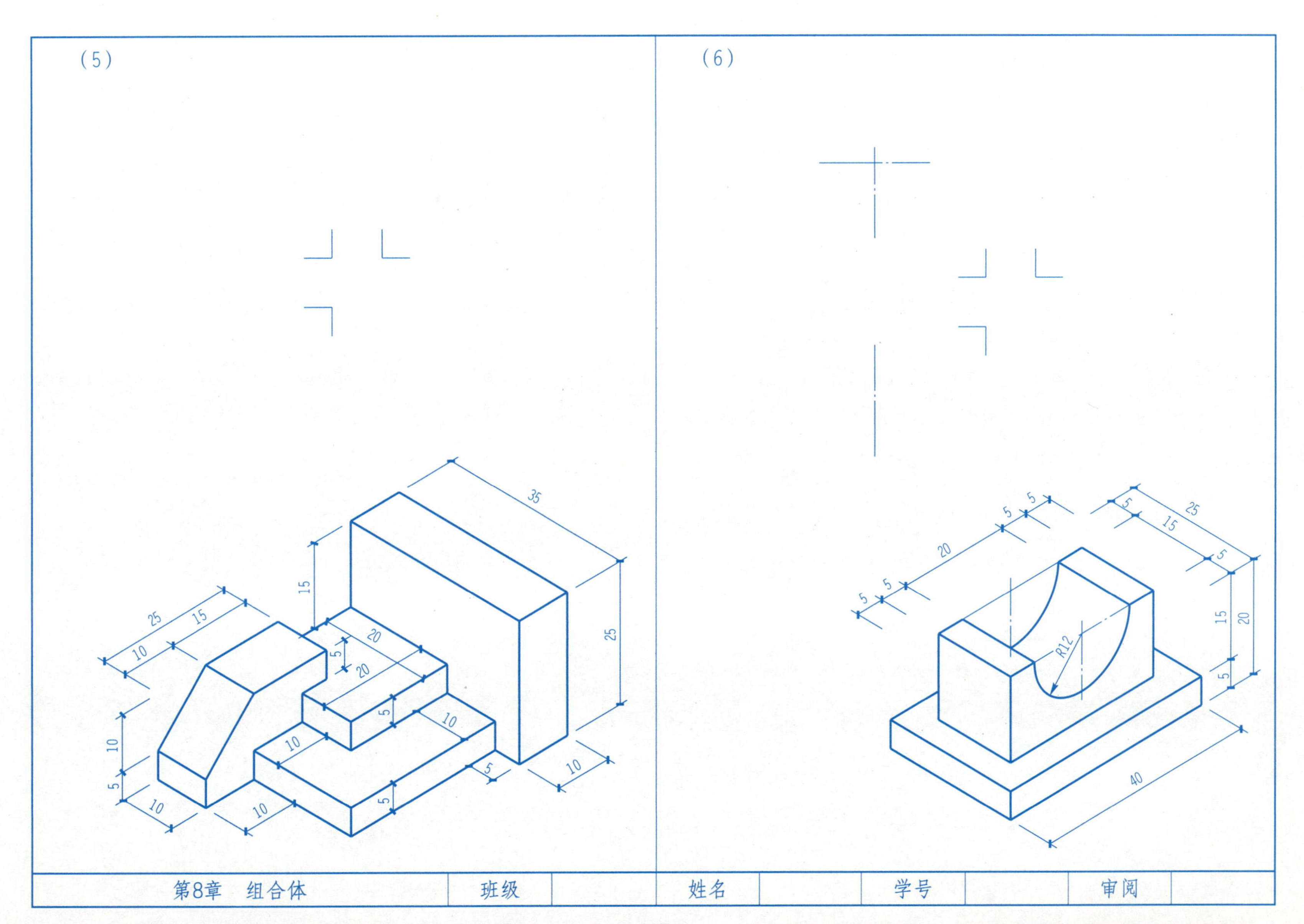
(5)
(6)
35
15
25
20
5
20
25
15
10
10
5
10
10
10
10
5
5
10
5
5
5
20
5
5
25
15
5
15
20
5
R12
40
第8章　组合体
班级
姓名
学号
审阅

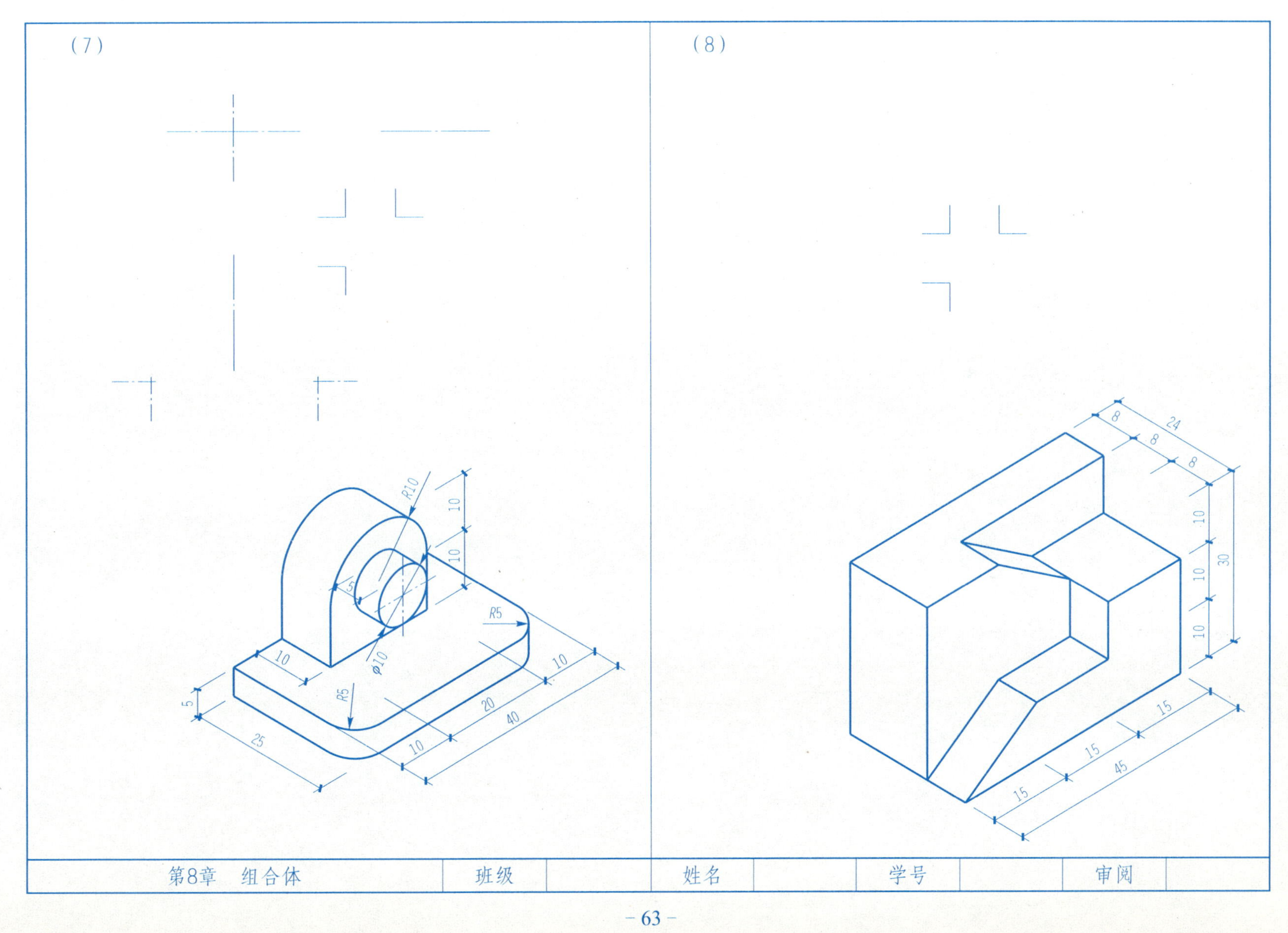

第8章　组合体	班级		姓名		学号		审阅	

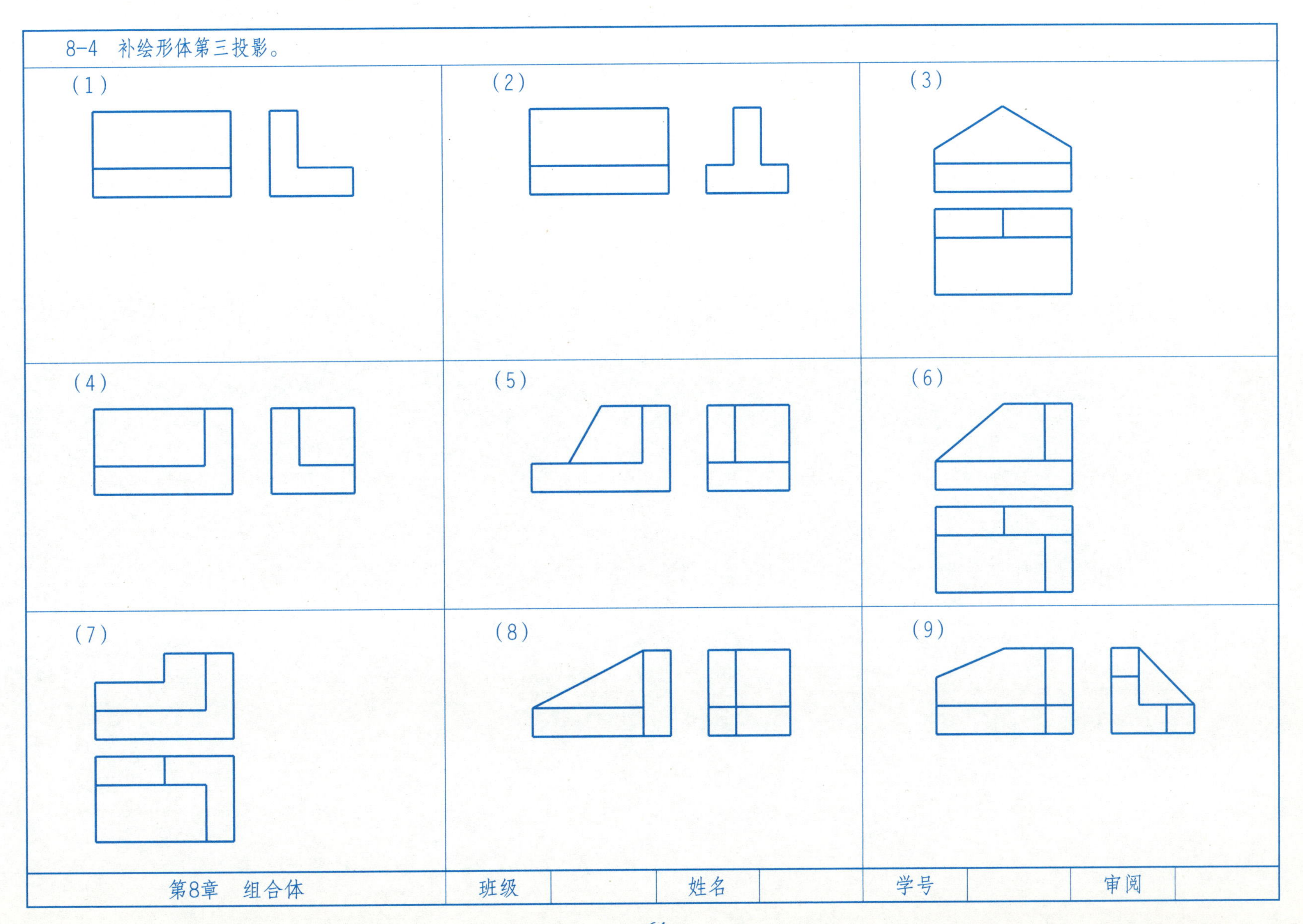
8-4 补绘形体第三投影。
(1)
(2)
(3)
(4)
(5)
(6)
(7)
(8)
(9)
第8章 组合体
班级
姓名
学号
审阅

8-5 补绘形体第三投影。

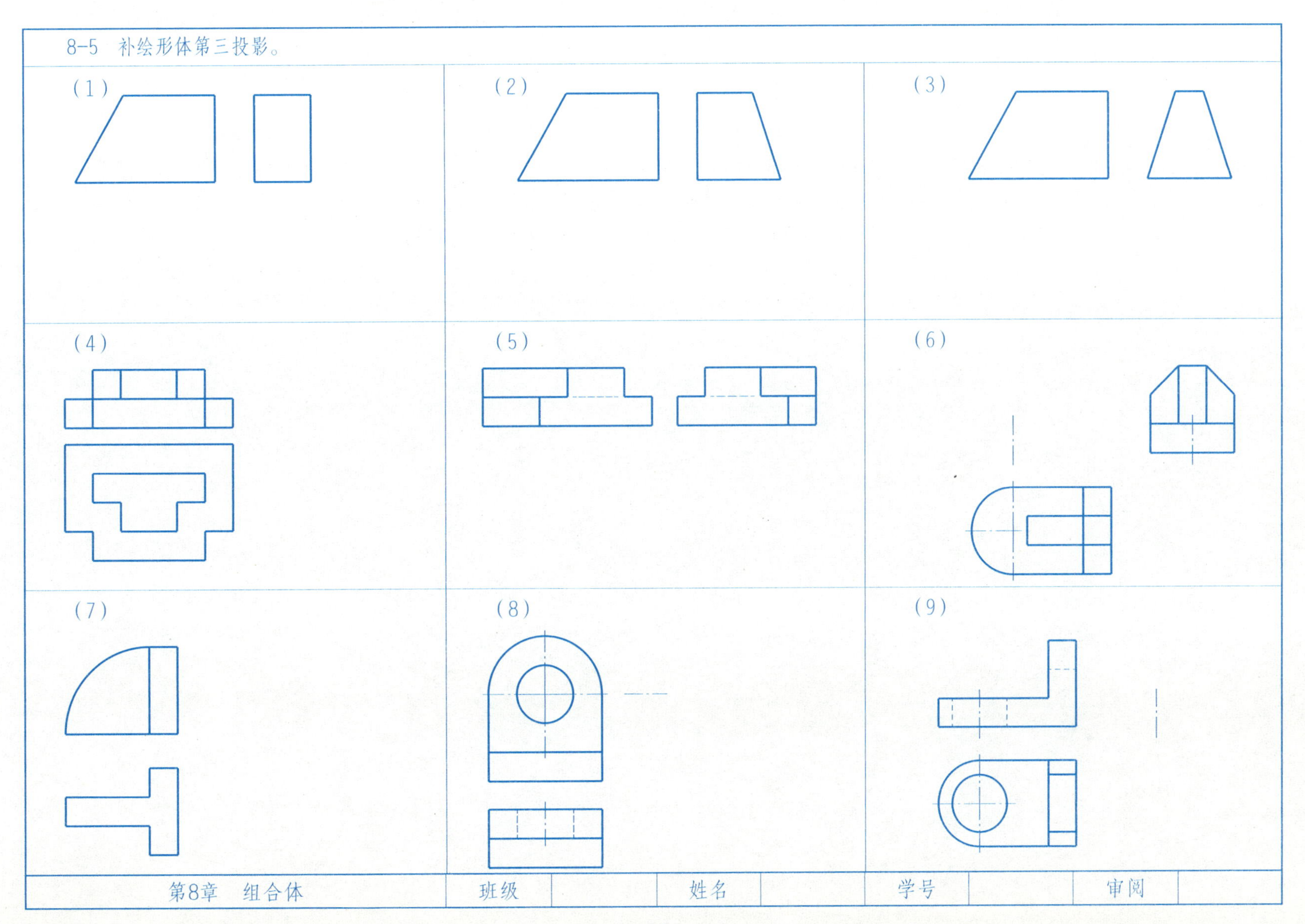

第8章 组合体	班级		姓名		学号		审阅	

8-6 补绘三投影中所缺的图线（包括虚线）。

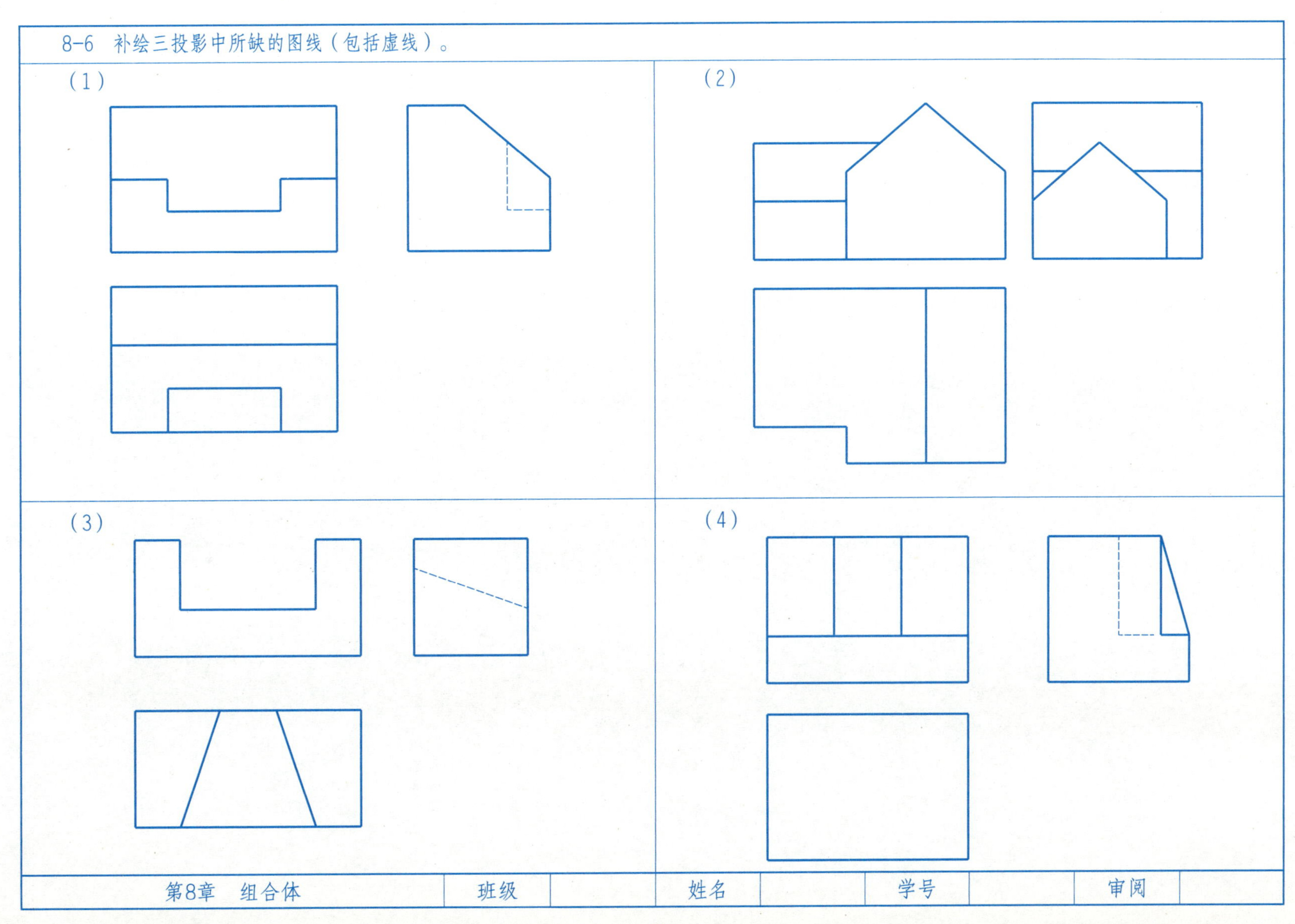

第8章 组合体	班级		姓名		学号		审阅	

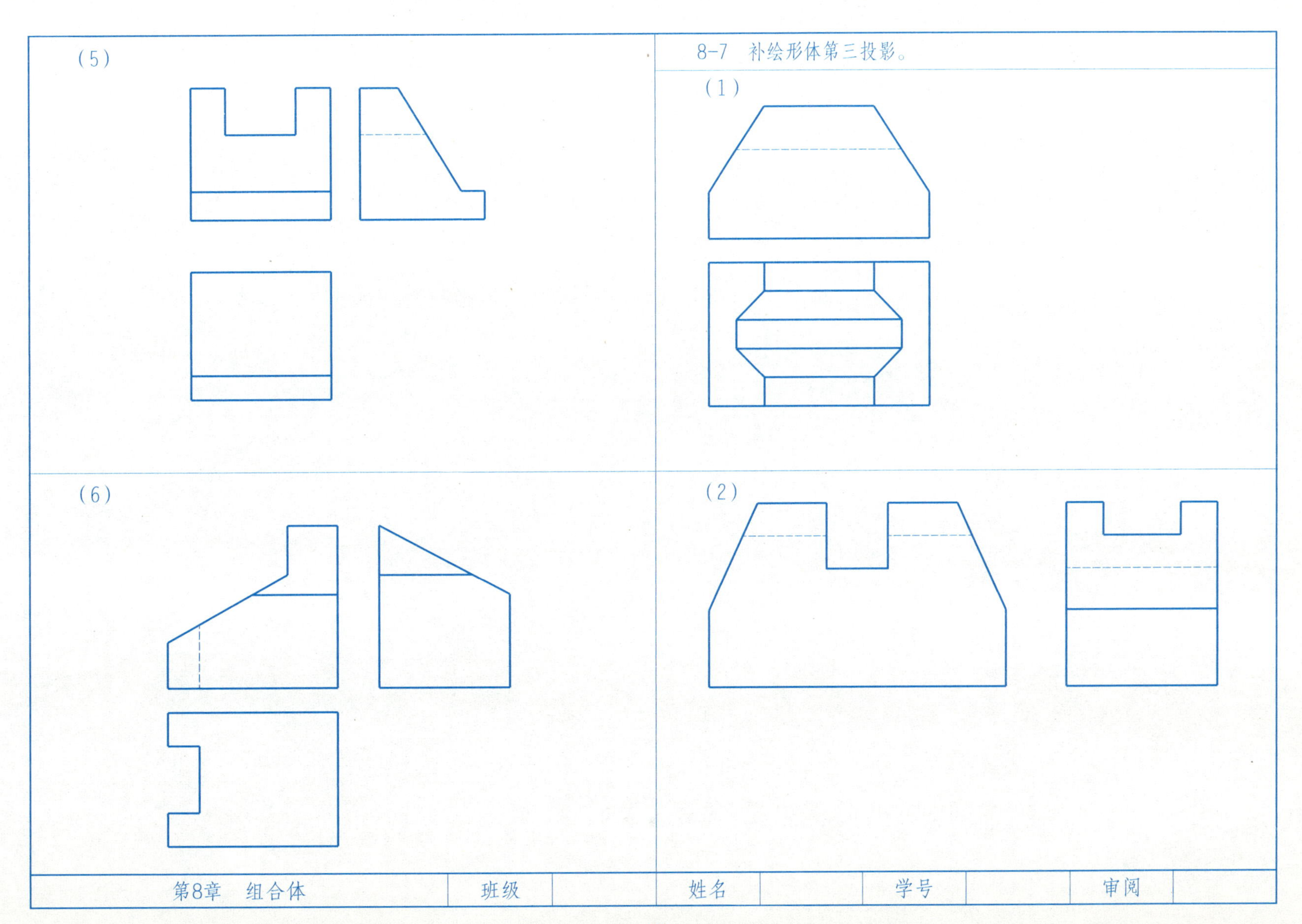
(5)
8-7 补绘形体第三投影。
(1)
(6)
(2)
第8章 组合体
班级
姓名
学号
审阅

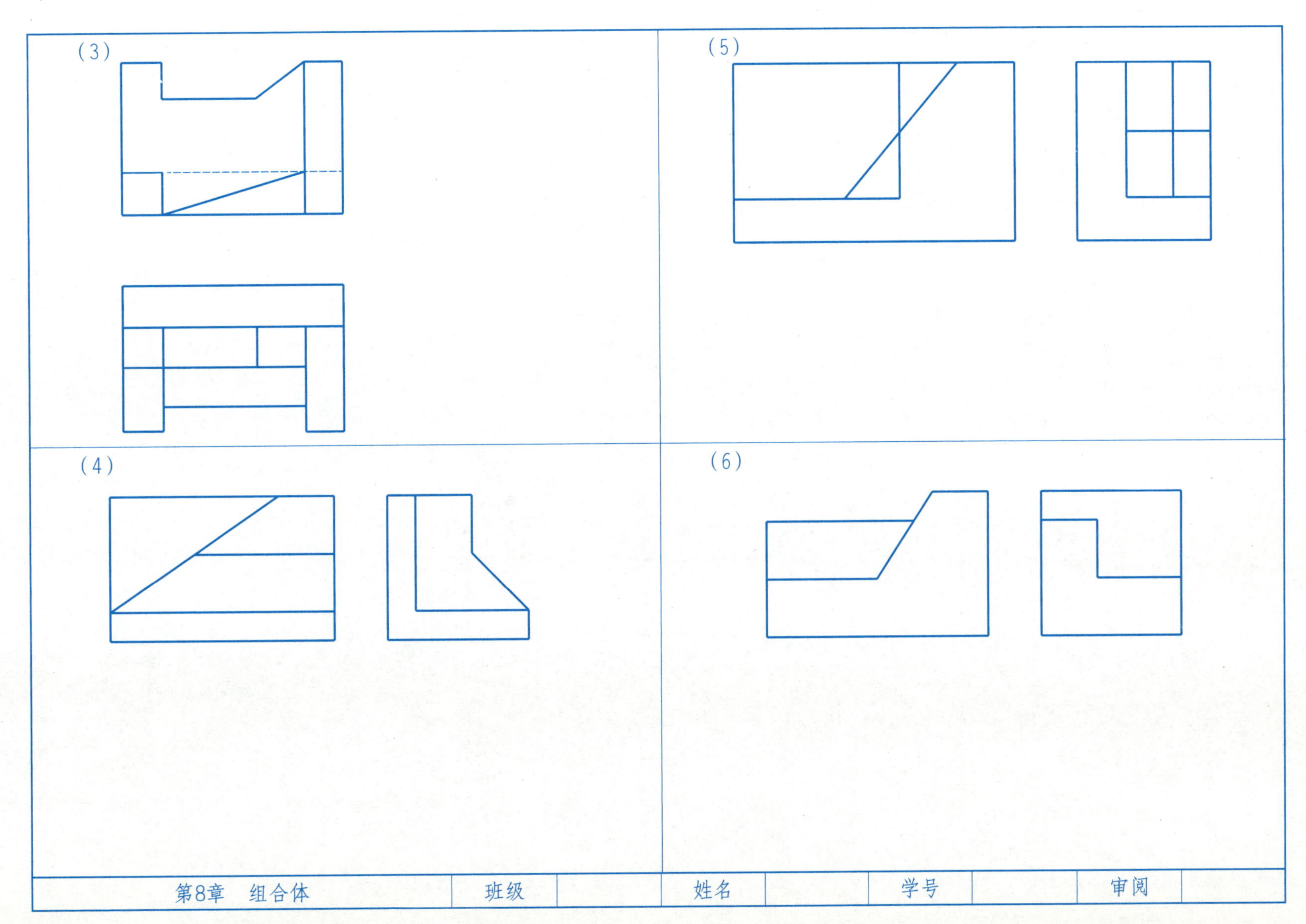

第8章　组合体	班级		姓名		学号		审阅	

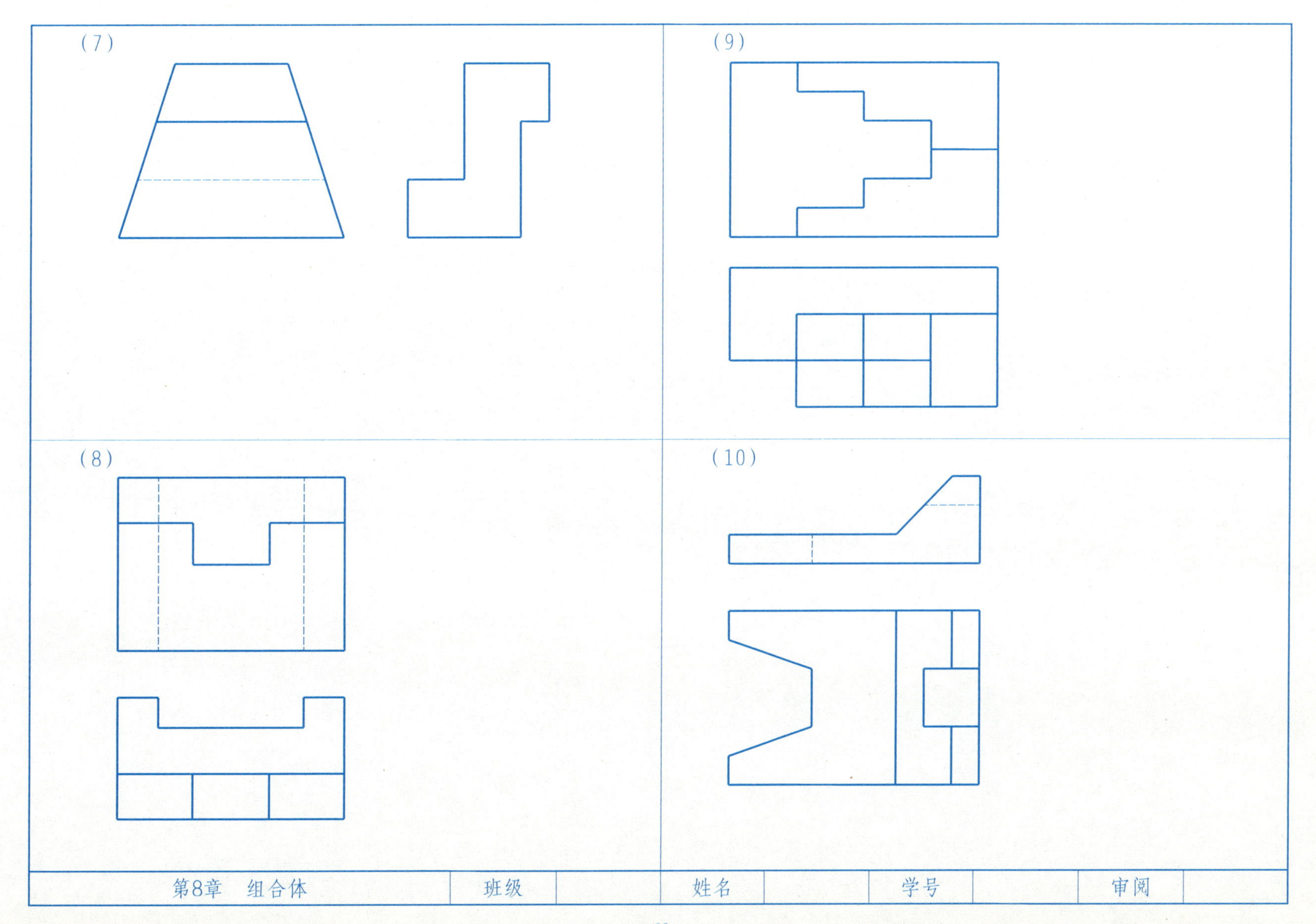

第8章　组合体	班级		姓名		学号		审阅	

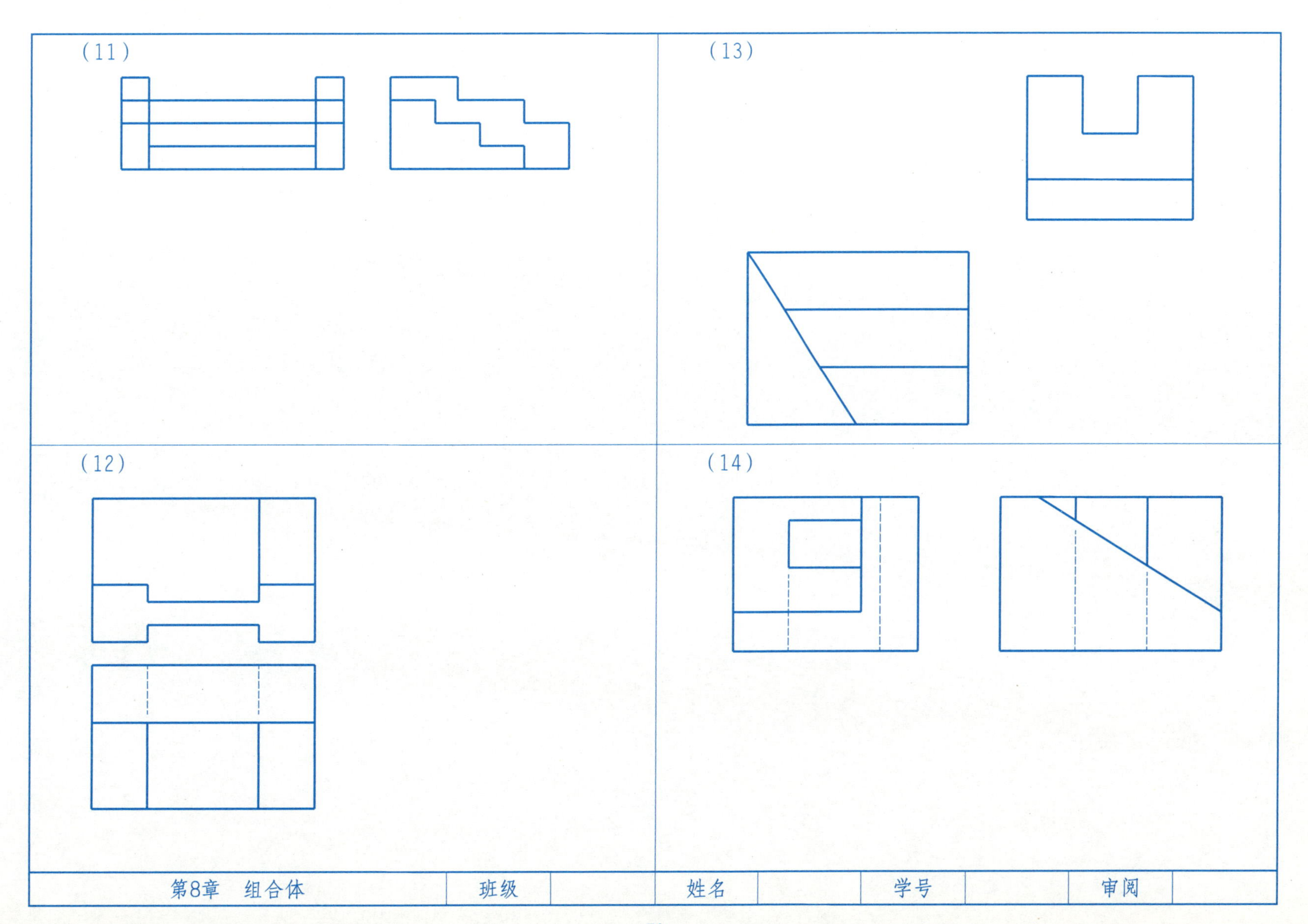

第8章　组合体	班级		姓名		学号		审阅	

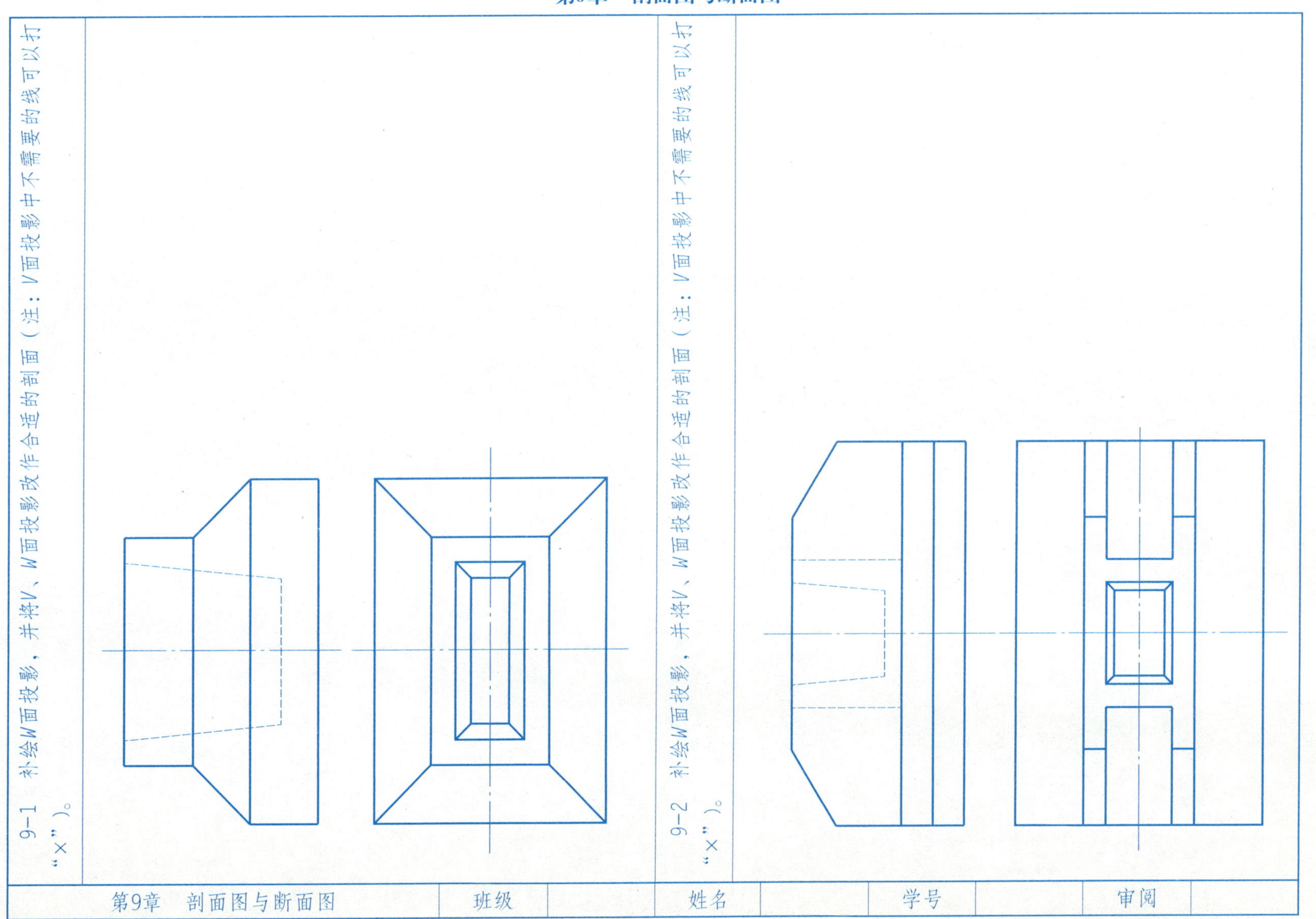
9-1　补绘W面投影，并将V、W面投影改作合适的剖面（注：V面投影中不需要的线可以打“×”）。
9-2　补绘W面投影，并将V、W面投影改作合适的剖面（注：V面投影中不需要的线可以打“×”）。
第9章　剖面图与断面图
班级
姓名
学号
审阅

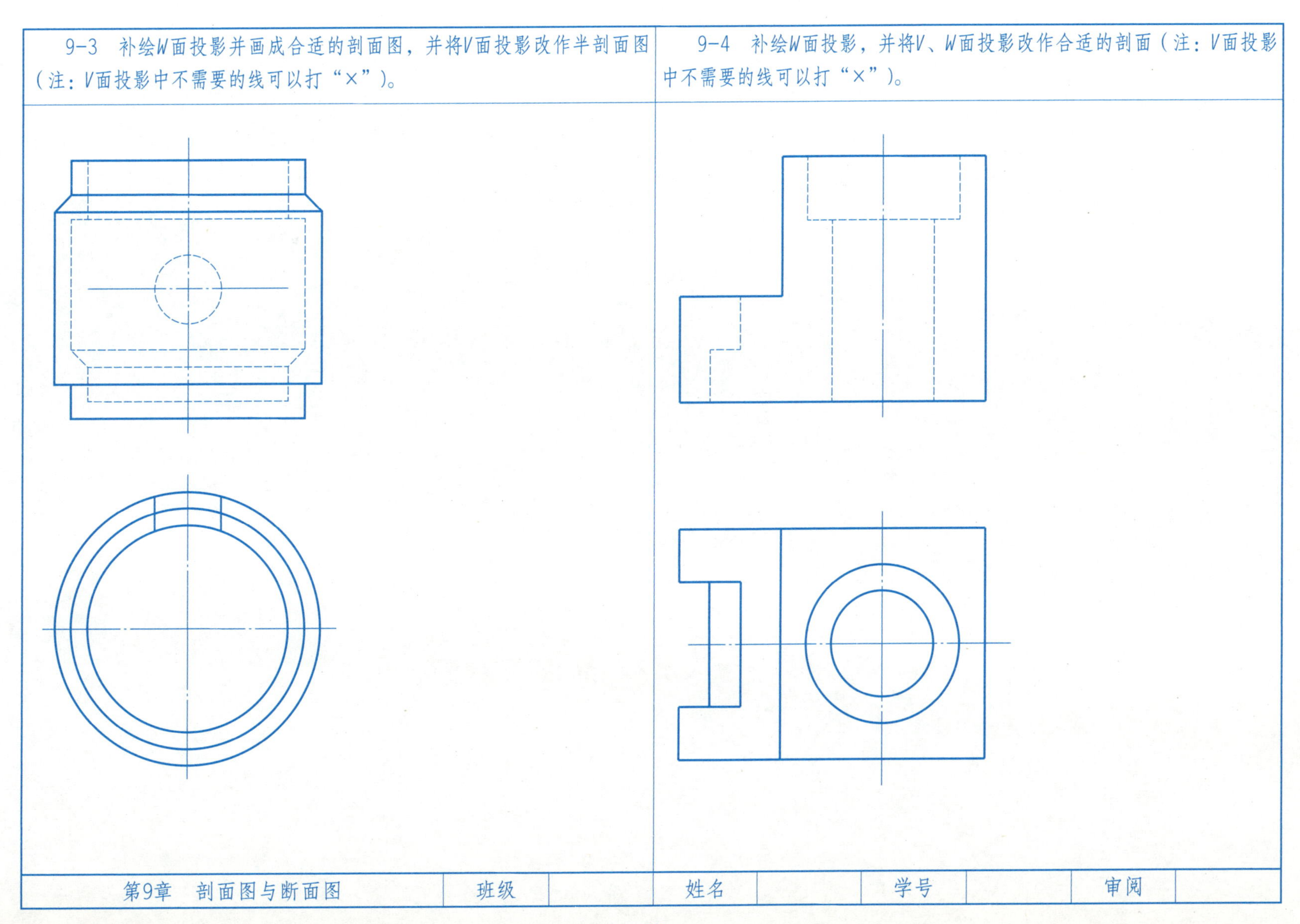
9-3 补绘W面投影并画成合适的剖面图，并将V面投影改作半剖面图（注：V面投影中不需要的线可以打“×”）。
9-4 补绘W面投影，并将V、W面投影改作合适的剖面（注：V面投影中不需要的线可以打“×”）。
第9章 剖面图与断面图
班级
姓名
学号
审阅

学习指导（二）

一、目的

1. 熟练掌握剖面图的概念和画法。

2. 提高读绘工程图的能力。

二、绘图要求及注意事项

1. 图纸：A3幅面。

2. 图名：剖面图。

3. 比例：按照1：50的绘图比例进行绘制。

4. 绘图内容及要求：

（1）绘制立面图、2—2剖面图、3—3剖面图。

（2）严格遵守国家制图标准规定。

（3）图线要求：建议粗线为1mm宽，其余各类型线宽符合线宽组规定，做到粗细分明。

（4）字体要求：汉字用长仿宋字，图名采用7号字，尺寸数字用3.5mm字高的长仿宋字，剖面符号数字用5mm字高的长仿宋字。

9-5 在A3图纸上用1：50比例抄绘立面图、2—2剖面图、3—3剖面图，并补绘4—4剖面图。

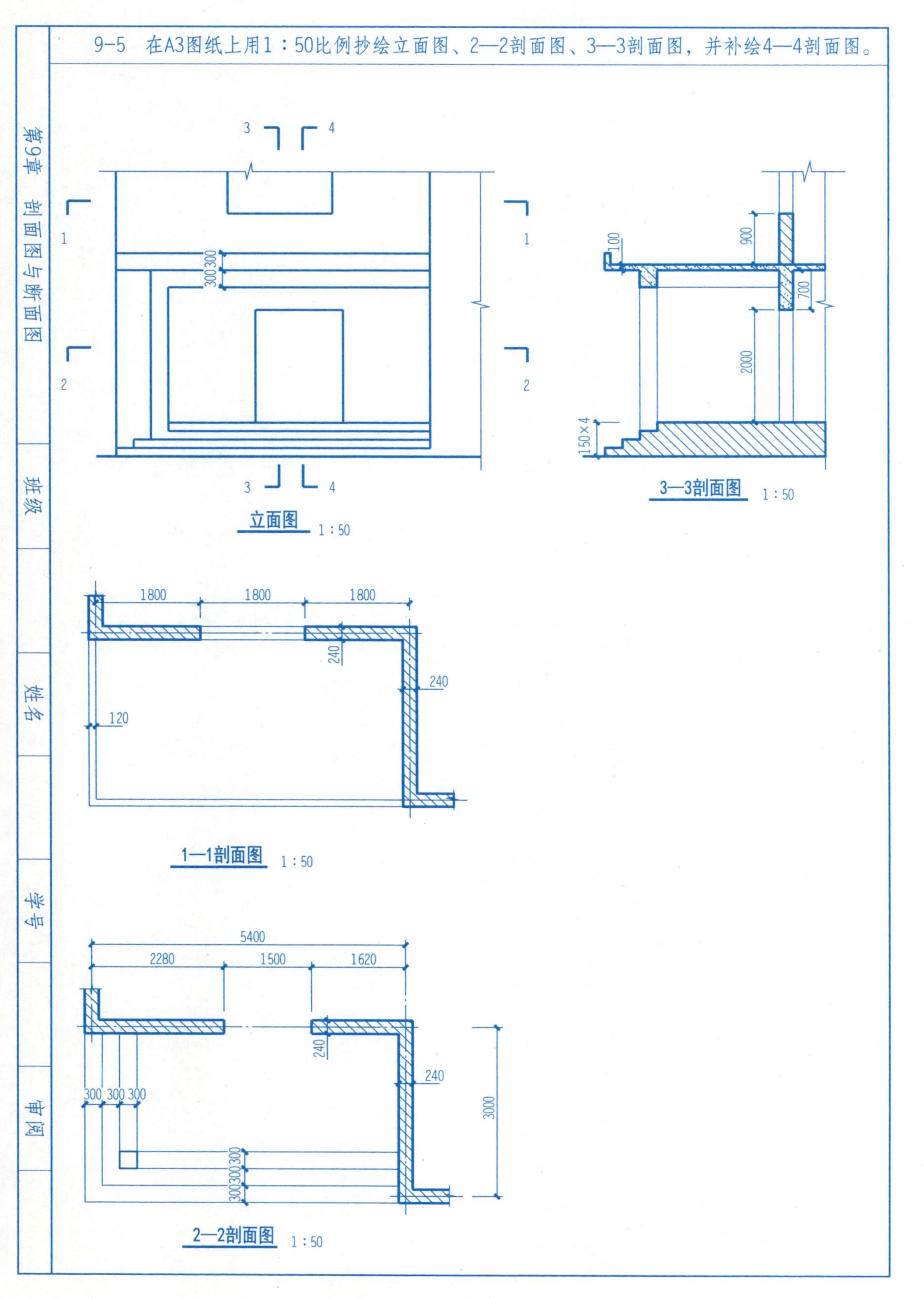

第9章 剖面图与断面图	班级		姓名		学号		审阅	

9-6　作钢筋混凝土梁的1—1、2—2、3—3、4—4断面图。

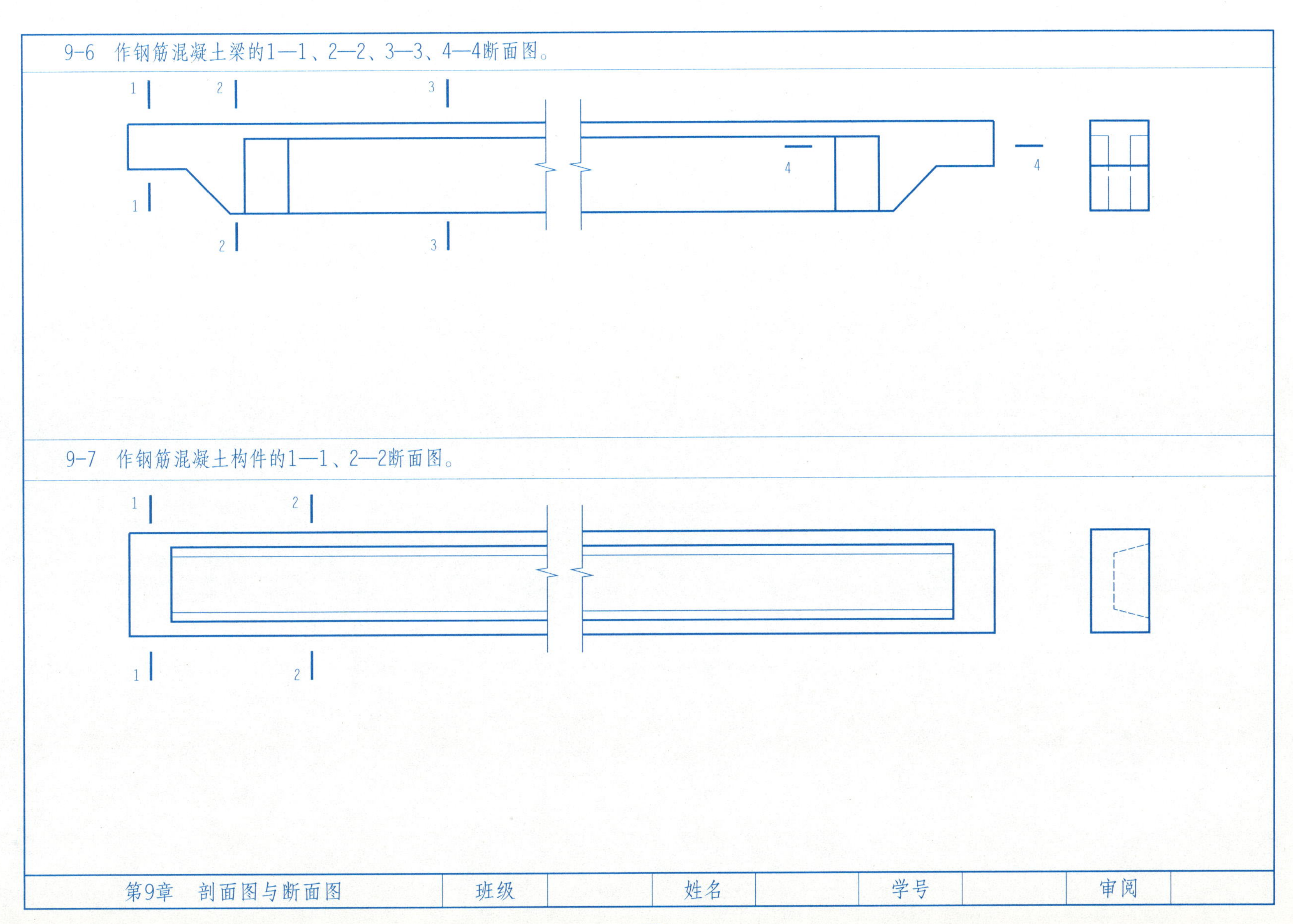

9-7　作钢筋混凝土构件的1—1、2—2断面图。

第9章　剖面图与断面图	班级		姓名		学号		审阅	

9-8 根据构件的两面投影图，补画指定的断面图。

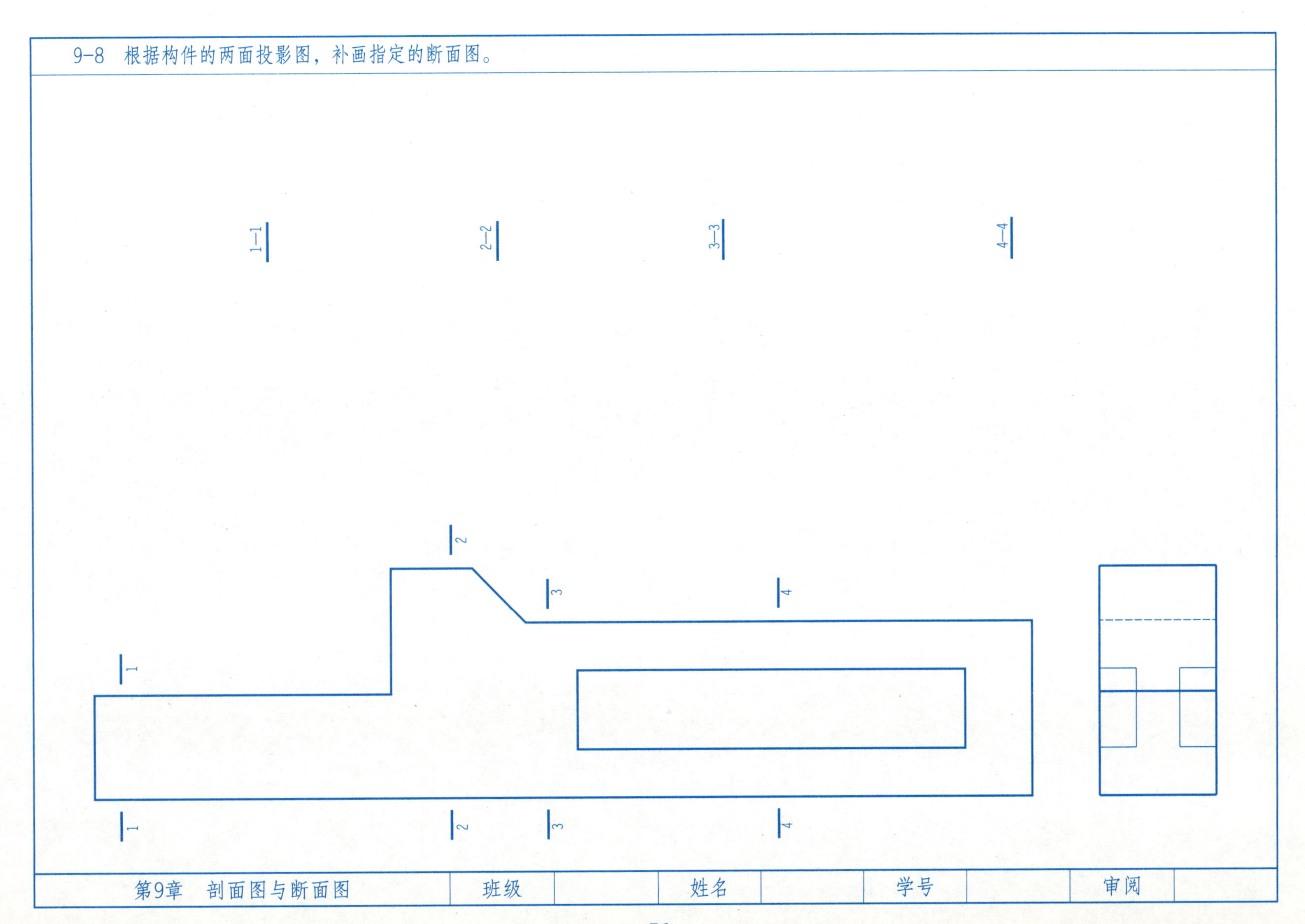

学习指导（三）

一、目的

1．熟悉一般民用建筑的建筑平面图的表达方法及图示内容特点。

2．掌握建筑平面图的绘制方法。

二、绘图要求及注意事项

1．图纸：A3幅面。

2．图名：一层平面图。

3．比例：按照1∶100的绘图比例进行绘制。

4．绘图内容及要求：

（1）认真学习教材有关建筑平面图的全部内容后再开始绘图作业。

（2）严格遵守国家制图标准规定。

（3）必须按照绘图步骤进行绘制。首先按照图形及比例计算图形的大小以及考虑尺寸线的位置进行布图，然后先用底稿线画出墙体的定位轴线、墙体的轮廓线、门窗的细部构造，最后加深图线，标注尺寸完成全图。

（4）图线要求：建议粗线为1mm宽，其余各类型线宽符合线宽组规定，做到粗细分明。

（5）字体要求：汉字用长仿宋字，图名采用7号字，房间名称用5号字，尺寸数字和门窗编号用3.5mm字高的长仿宋字，剖面符号数字用5mm字高的长仿宋字。

10-1 一层平面图（比例1：100）。

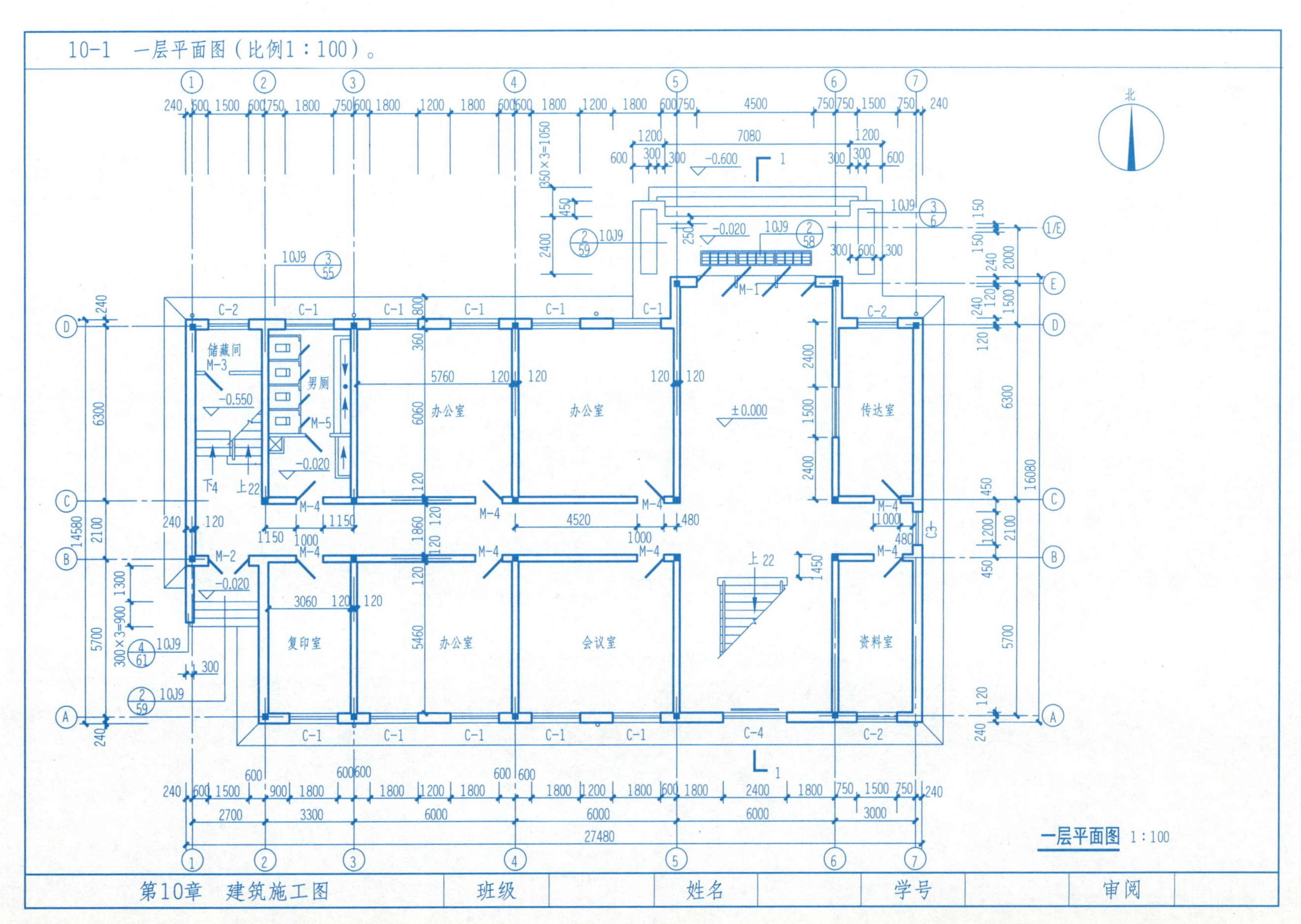

第10章 建筑施工图	班级		姓名		学号		审阅	

10-2 二层平面图（比例1：100）。

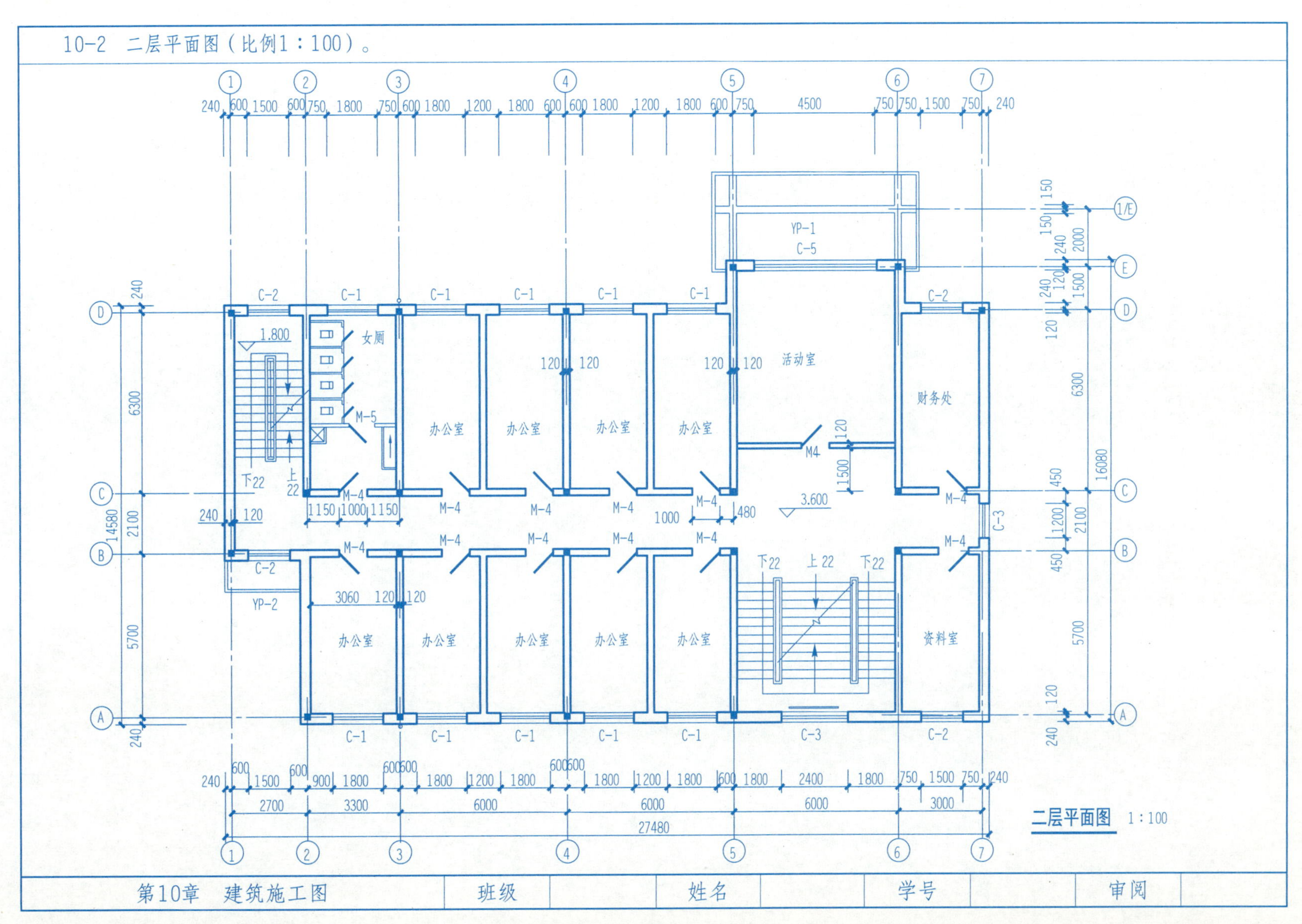

第10章 建筑施工图 | 班级 | | 姓名 | | 学号 | | 审阅 |

10-3 三层平面图（比例1：100）。

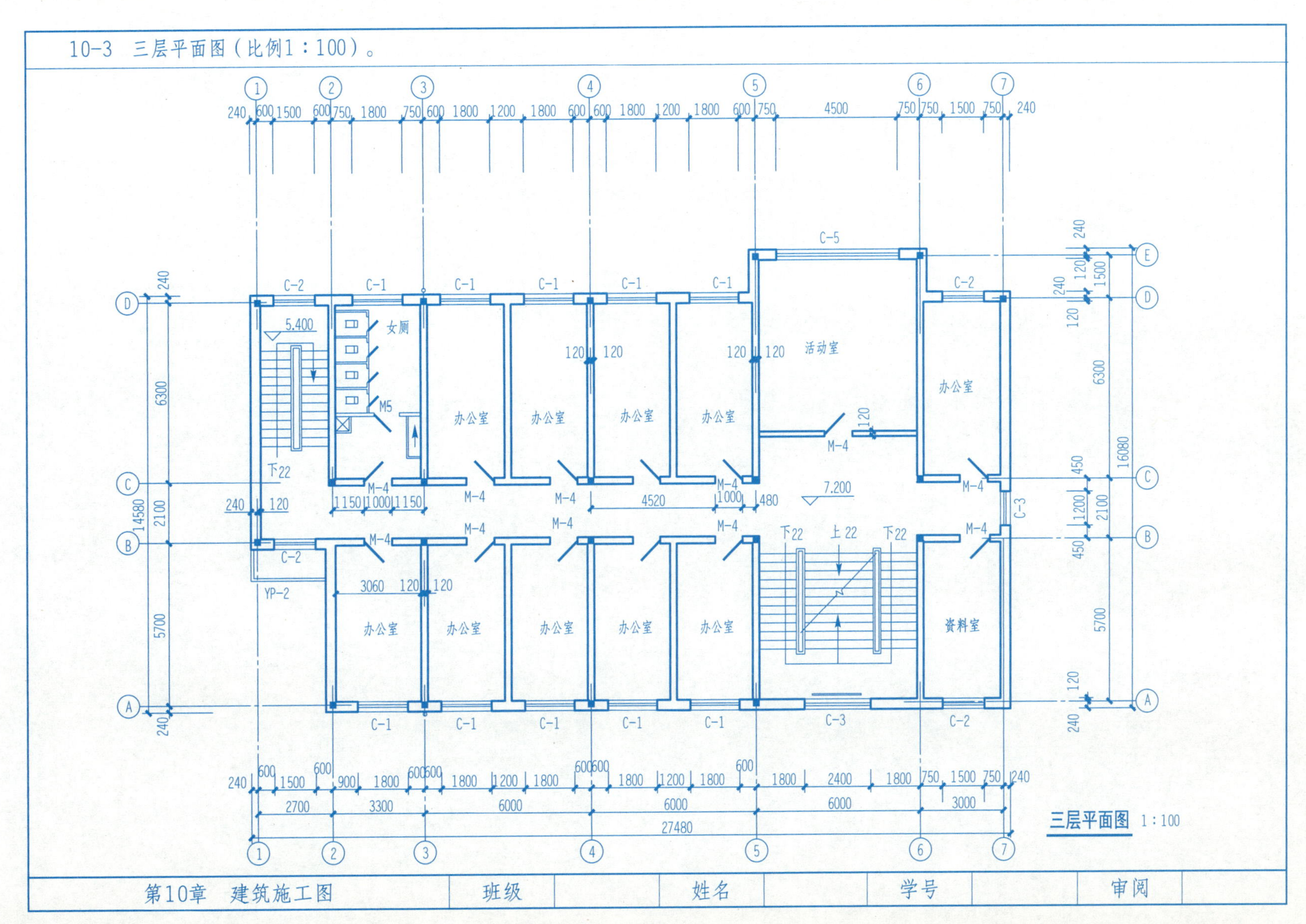

第10章 建筑施工图 班级 姓名 学号 审阅

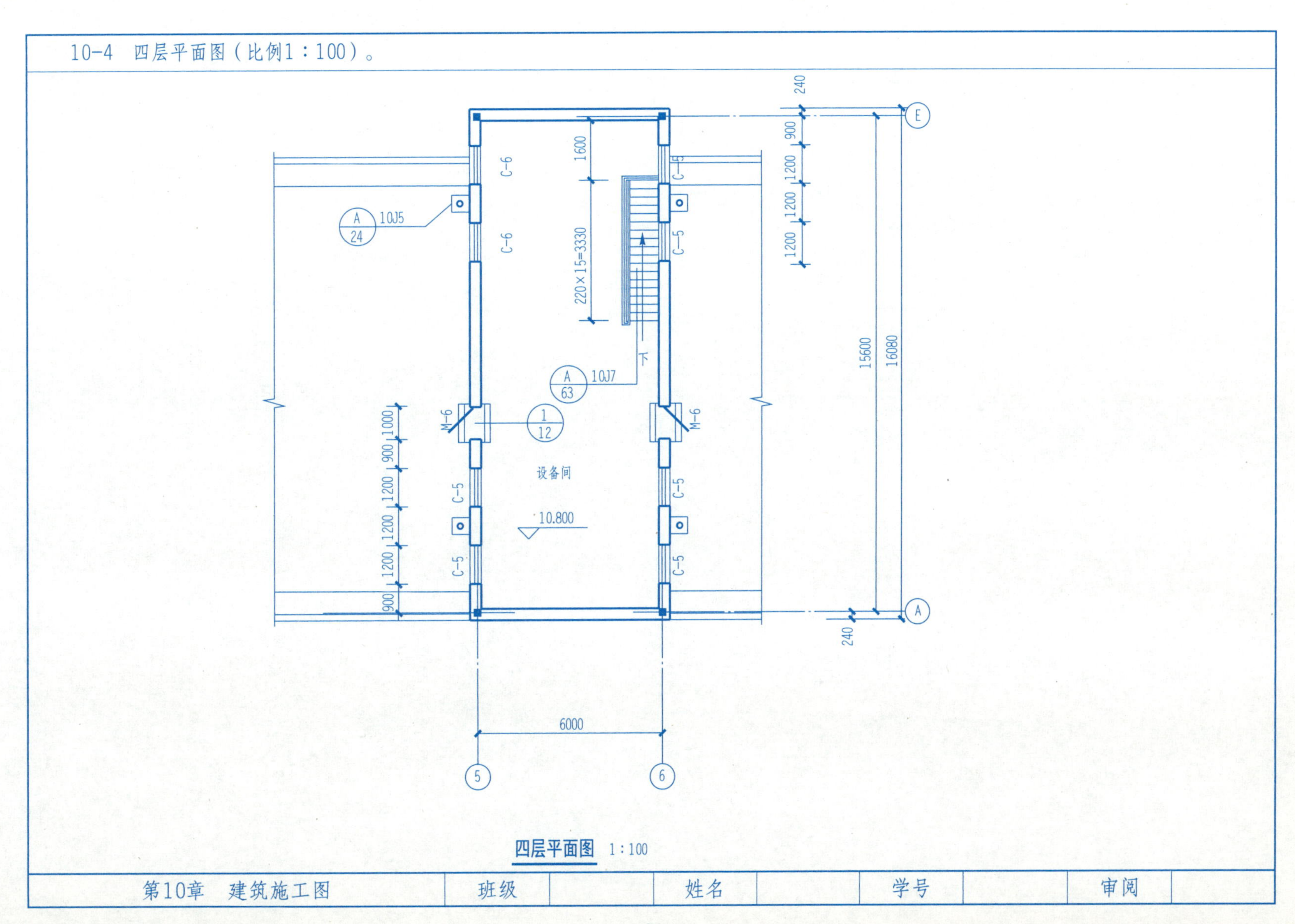
10-4 四层平面图（比例1：100）。
设备间
10.800
C-6
C-5
M-6
A
24
10J5
A
63
10J7
1
12
下
220×15=3330
1600
240
900
1200
1200
1200
1000
900
1200
1200
1200
900
240
15600
16080
6000
E
A
5
6
四层平面图 1：100
第10章 建筑施工图
班级
姓名
学号
审阅

10-5 屋顶平面图（比例1：100）。

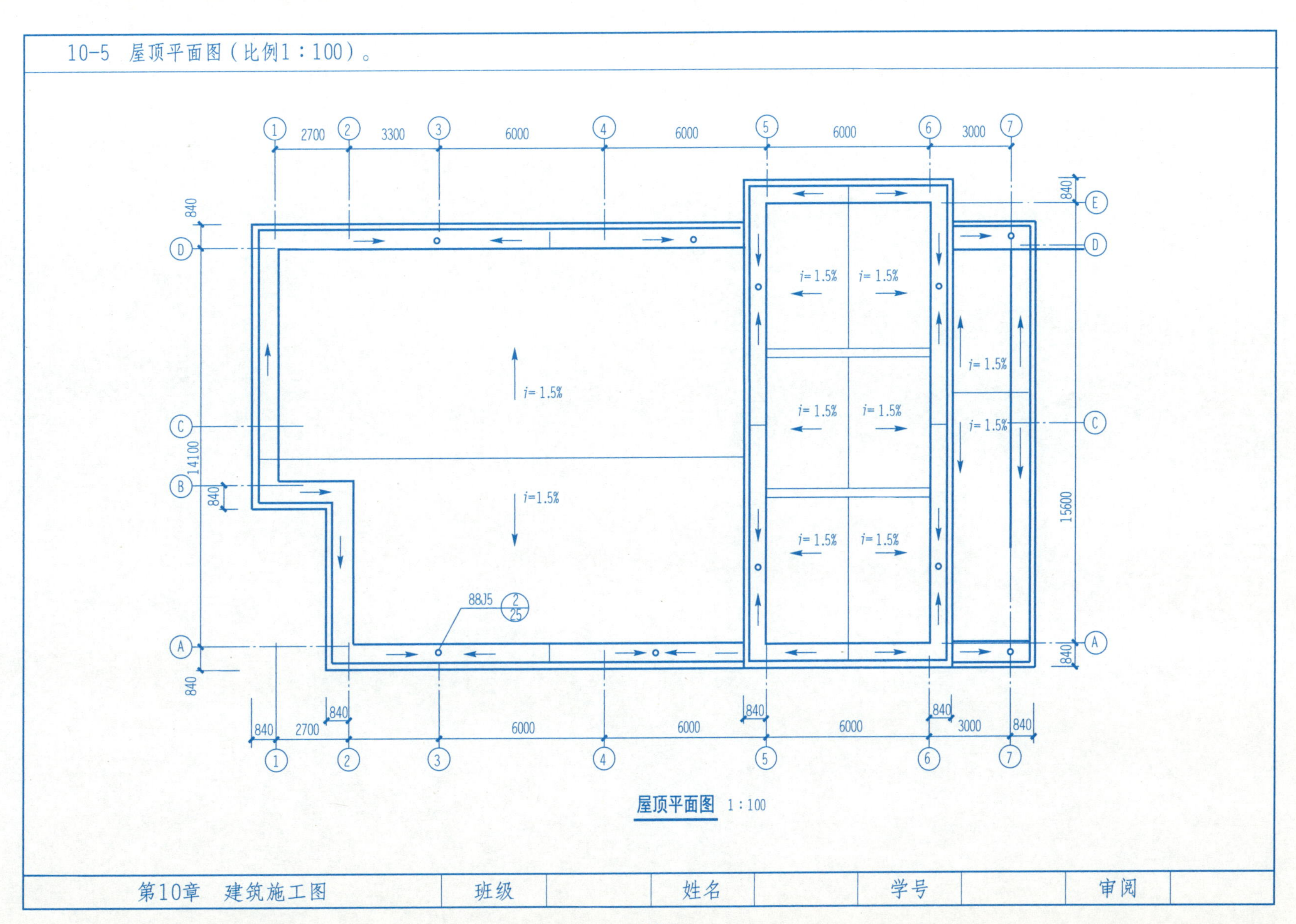

屋顶平面图 1：100

第10章 建筑施工图	班级		姓名		学号		审阅	

学习指导（四）

一、目的

1．熟悉一般民用建筑的建筑立面图的表达方法及图示内容特点。

2．掌握建筑立面图的绘制方法。

二、绘图要求及注意事项

1．图纸：A3幅面。

2．图名：北立面图。

3．比例：按照1∶100的绘图比例进行绘制。

4．绘图内容及要求：

（1）认真学习教材有关建筑平面图的全部内容后再开始绘图作业。

（2）严格遵守国家制图标准规定。

（3）必须按照绘图步骤进行绘制。首先按照图形及比例计算图形的大小以及考虑尺寸线的位置进行布图，然后先用底稿线画出建筑整体的外轮廓、①和⑦轴的定位轴线、立面层高包括窗台窗楣的定位线（在这里提醒学生一定要参照建筑平面图读图）、门窗的外形轮廓及分格线，最后加深图线，标注尺寸完成全图。

（4）图线要求：建议建筑外轮廓线用粗线为1mm宽；室外地坪线用1.4*b*的特粗线；门窗、雨篷、花池、台阶等建筑构配件用中实线；门窗分格线、雨水管及装修做法注释引出线用细实线。

（5）字体要求：汉字用长仿宋字，图名采用7号字，墙面装修做法用5号字，尺寸数字和门窗编号用3.5mm字高的长仿宋字，剖面符号数字用5mm字高的长仿宋字。

10-6 北立面图（比例1：100）。

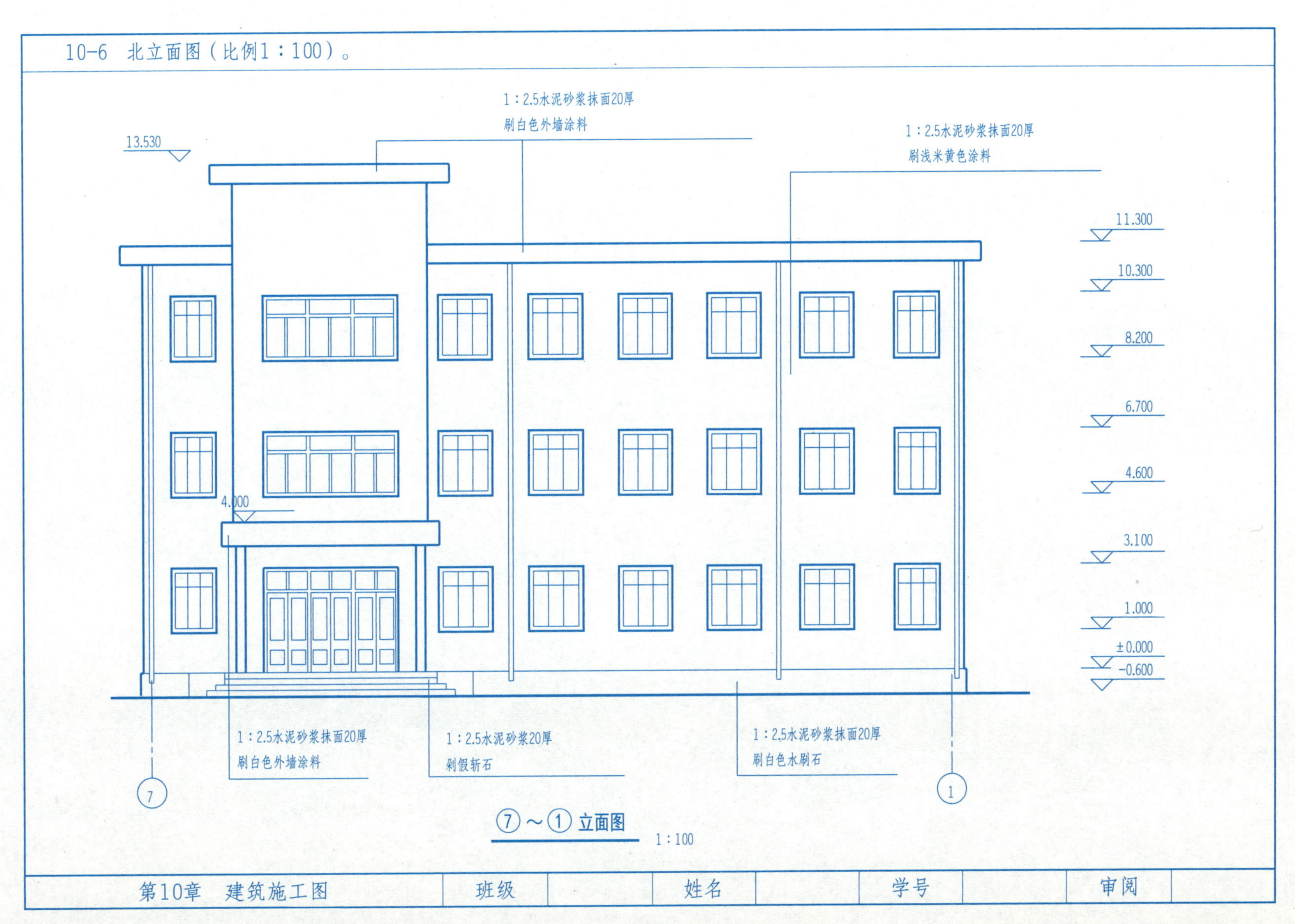

⑦～① 立面图 1：100

第10章　建筑施工图	班级		姓名		学号		审阅	

10-7　南立面图（比例1：100）。

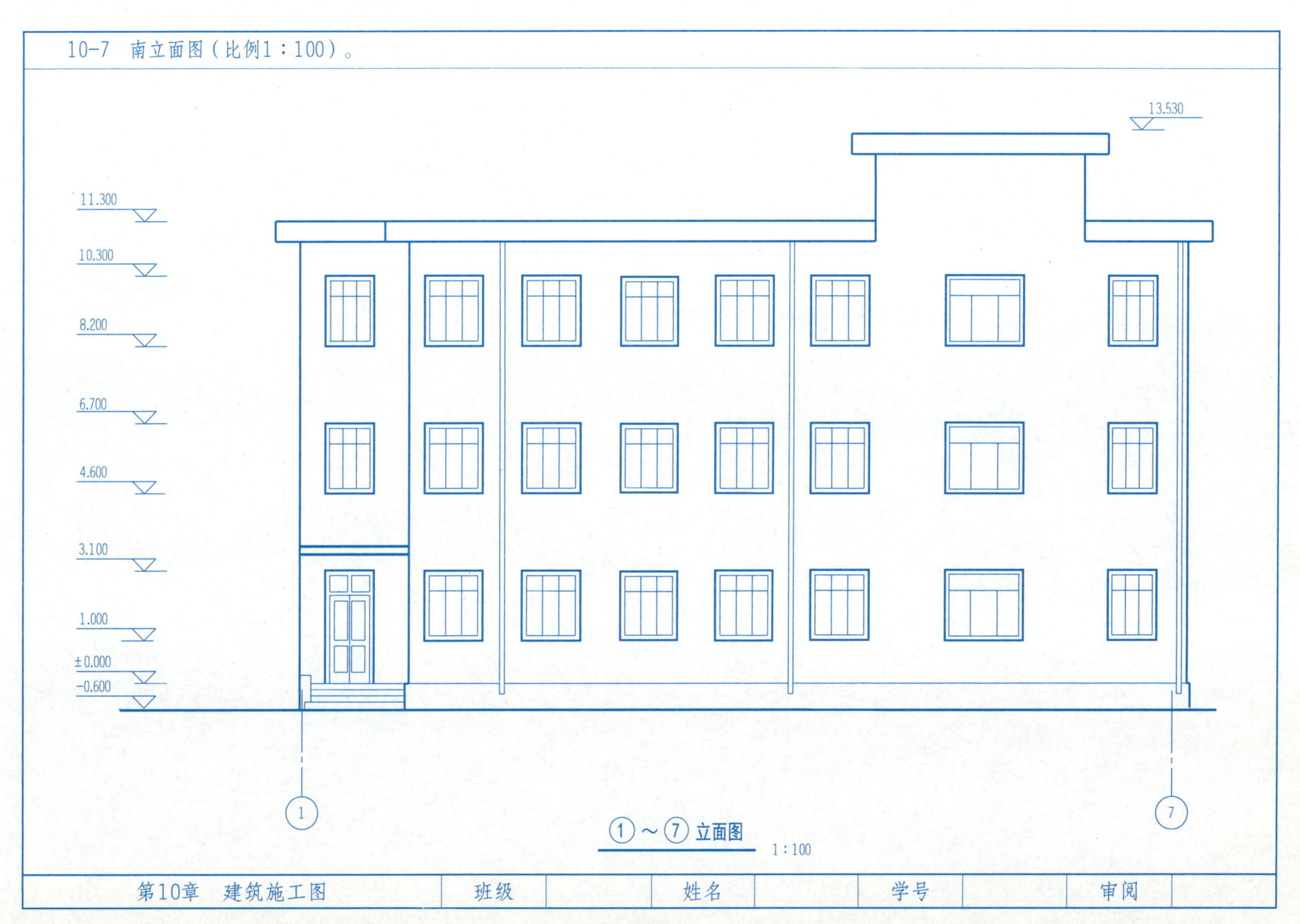

第10章　建筑施工图	班级		姓名		学号		审阅	

10-8　西立面图（比例1：100）。

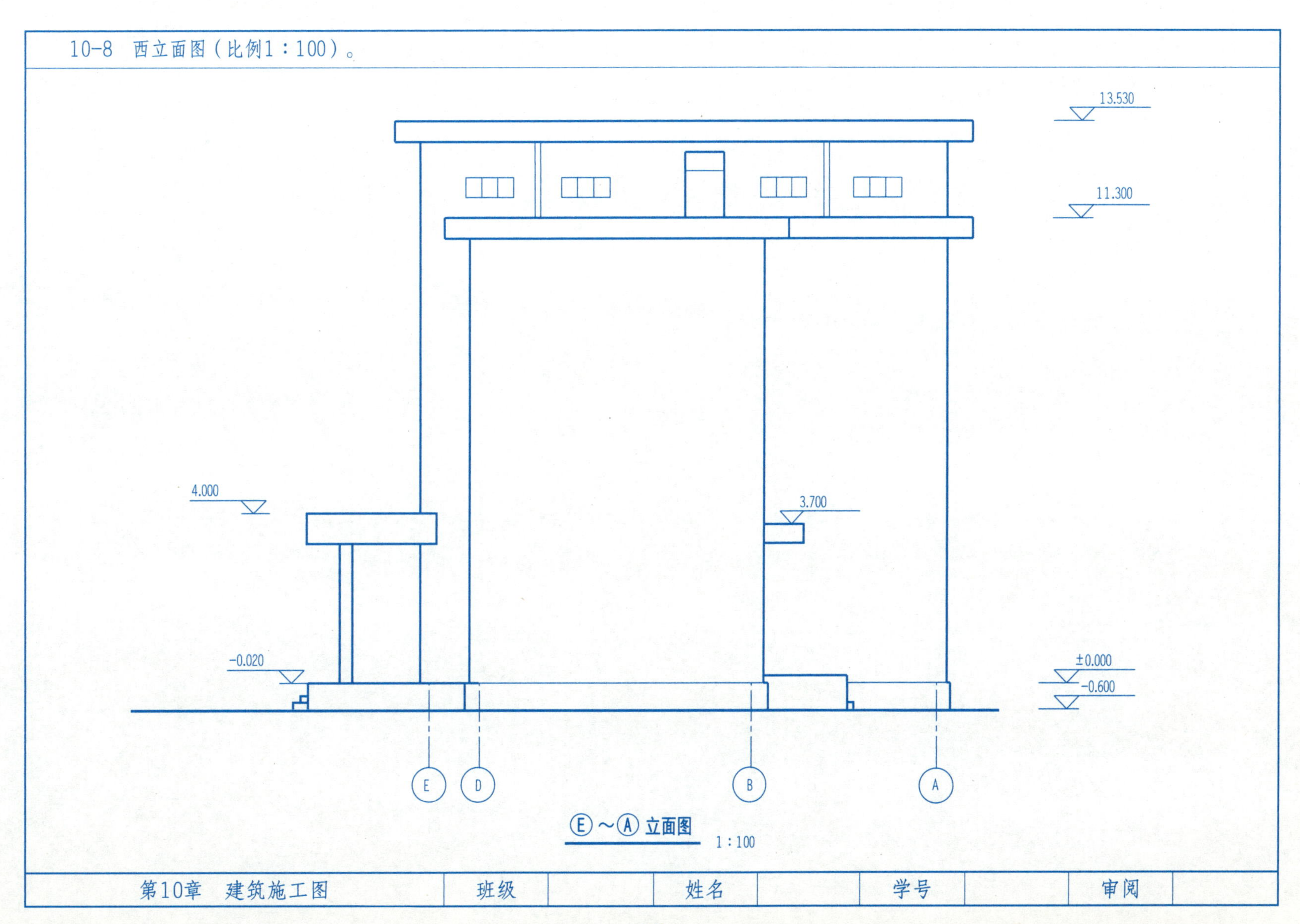

第10章　建筑施工图	班级		姓名		学号		审阅	

10-9 东立面图（比例1：100）。

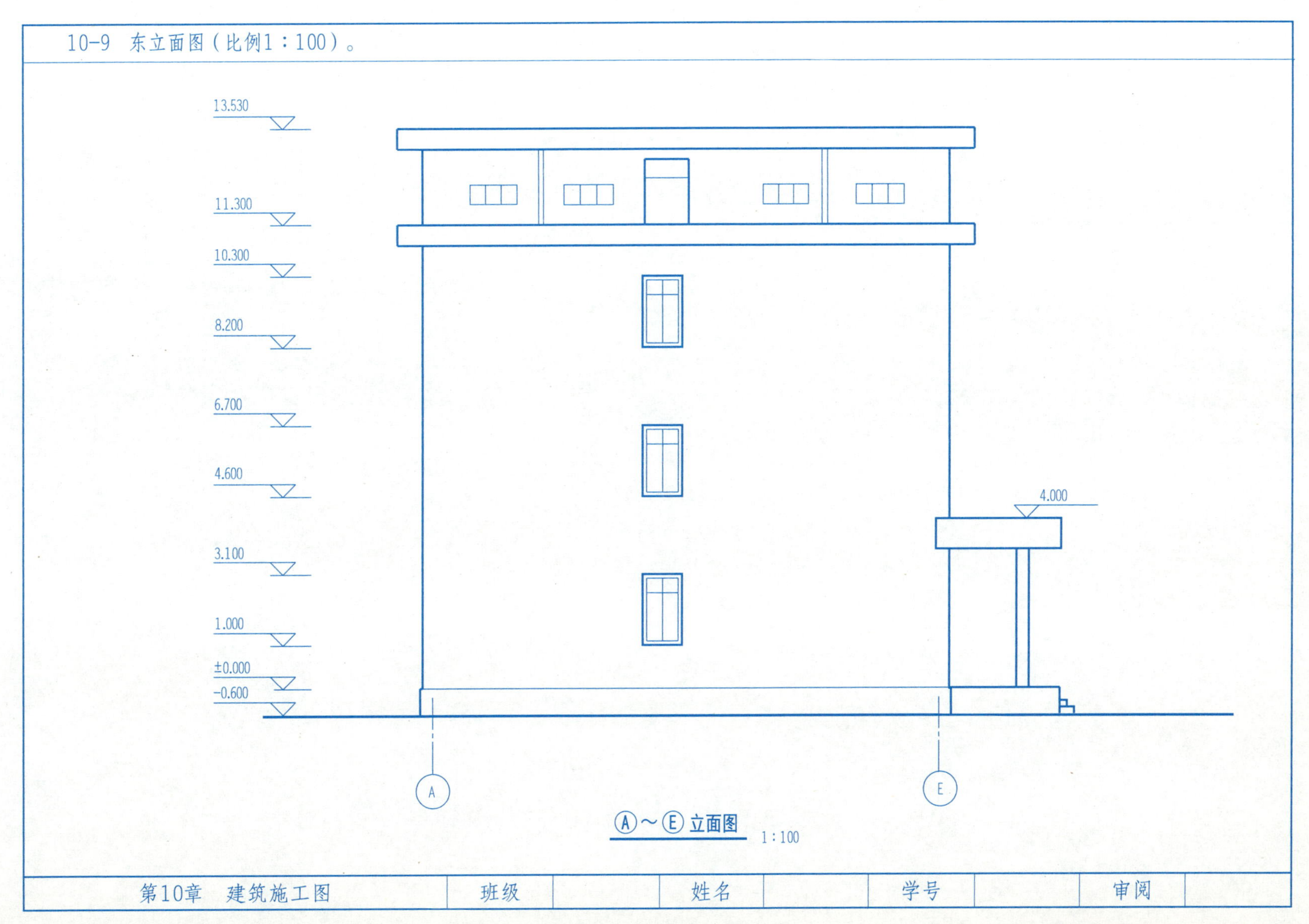

第10章　建筑施工图	班级		姓名		学号		审阅	

学习指导（五）

一、目的

1．熟悉一般民用建筑的建筑剖面图的表达方法及图示内容特点。

2．掌握建筑剖面图的绘制方法。

二、绘图要求及注意事项

1．图纸：A3幅面。

2．图名：1—1剖面图。

3．比例：按照1：100的绘图比例进行绘制。

4．绘图内容及要求：

（1）认真学习教材有关建筑剖面图的全部内容后再开始绘图作业。

（2）严格遵守国家制图标准规定。

（3）必须按照绘图步骤进行绘制。首先按照图形及比例计算图形的大小以及考虑尺寸线的位置进行布图，然后先用底稿线画出墙体的定位轴线、层高的定位线、墙体的轮廓线、门窗的细部构造、外部的构造，最后加深图线，标注尺寸完成全图。

（4）图线要求：建议粗线为0.7mm宽，其余各类型线宽符合线宽组规定，做到粗细分明。

（5）字体要求：汉字用长仿宋字，图名采用7号字，尺寸数字用3.5mm字高的长仿宋字。

第10章　建筑施工图	班级		姓名		学号		审阅	

10-10 剖面图（比例1：100）。

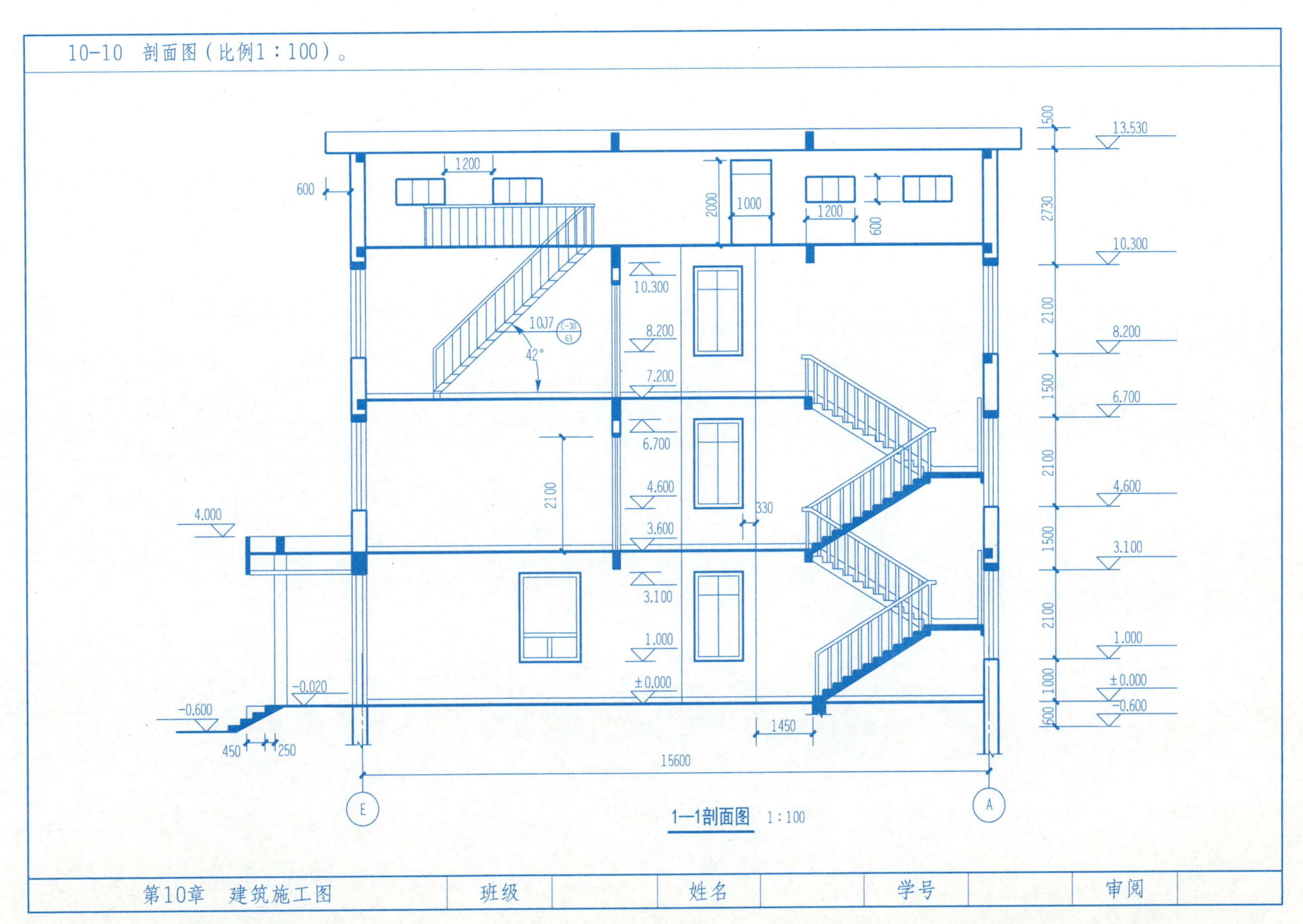

1—1剖面图 1：100

第10章 建筑施工图	班级		姓名		学号		审阅	

10-11　楼梯详图（比例1：100）。

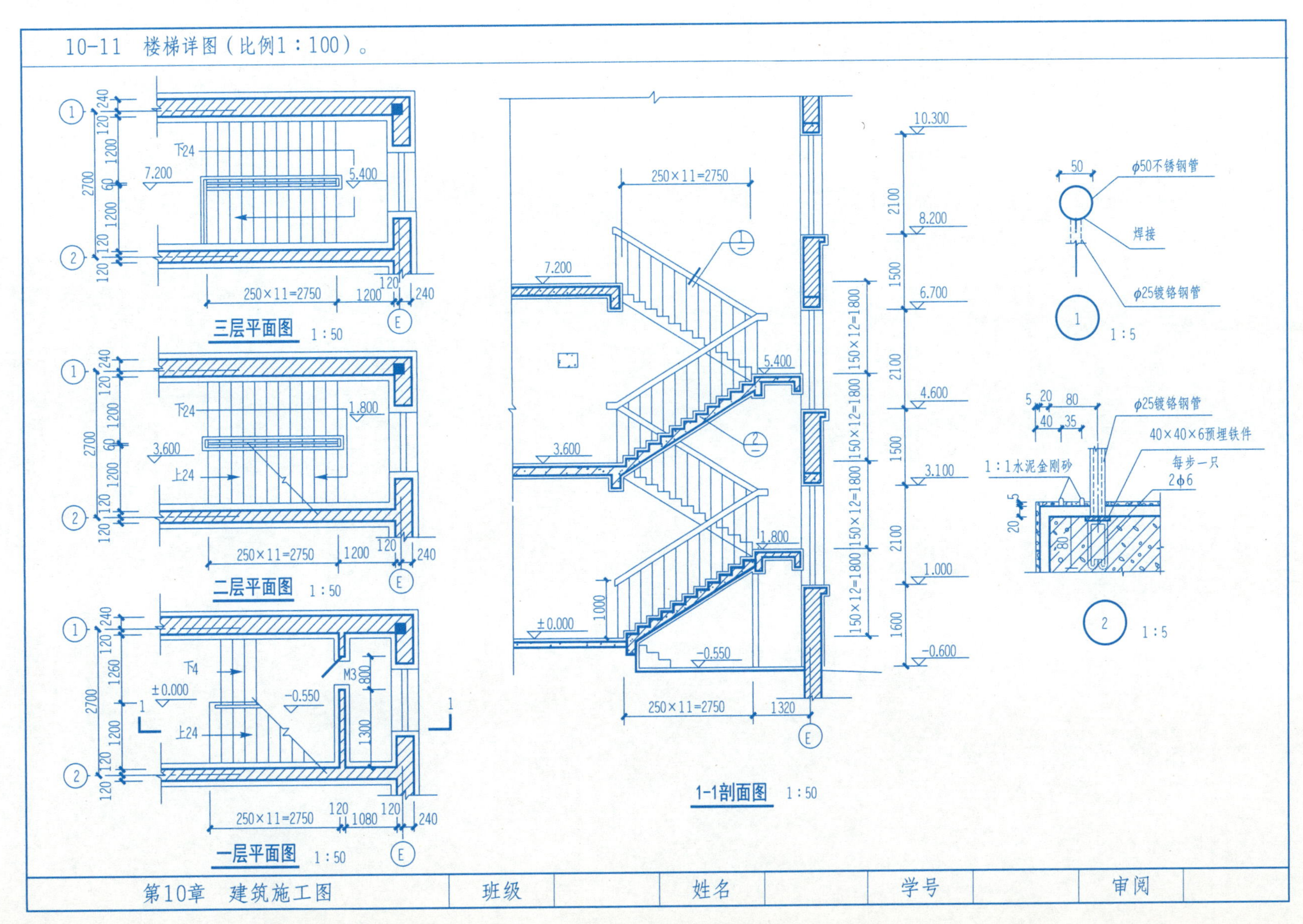

第10章　建筑施工图	班级		姓名		学号		审阅	

11-1　抄绘结构平面图。

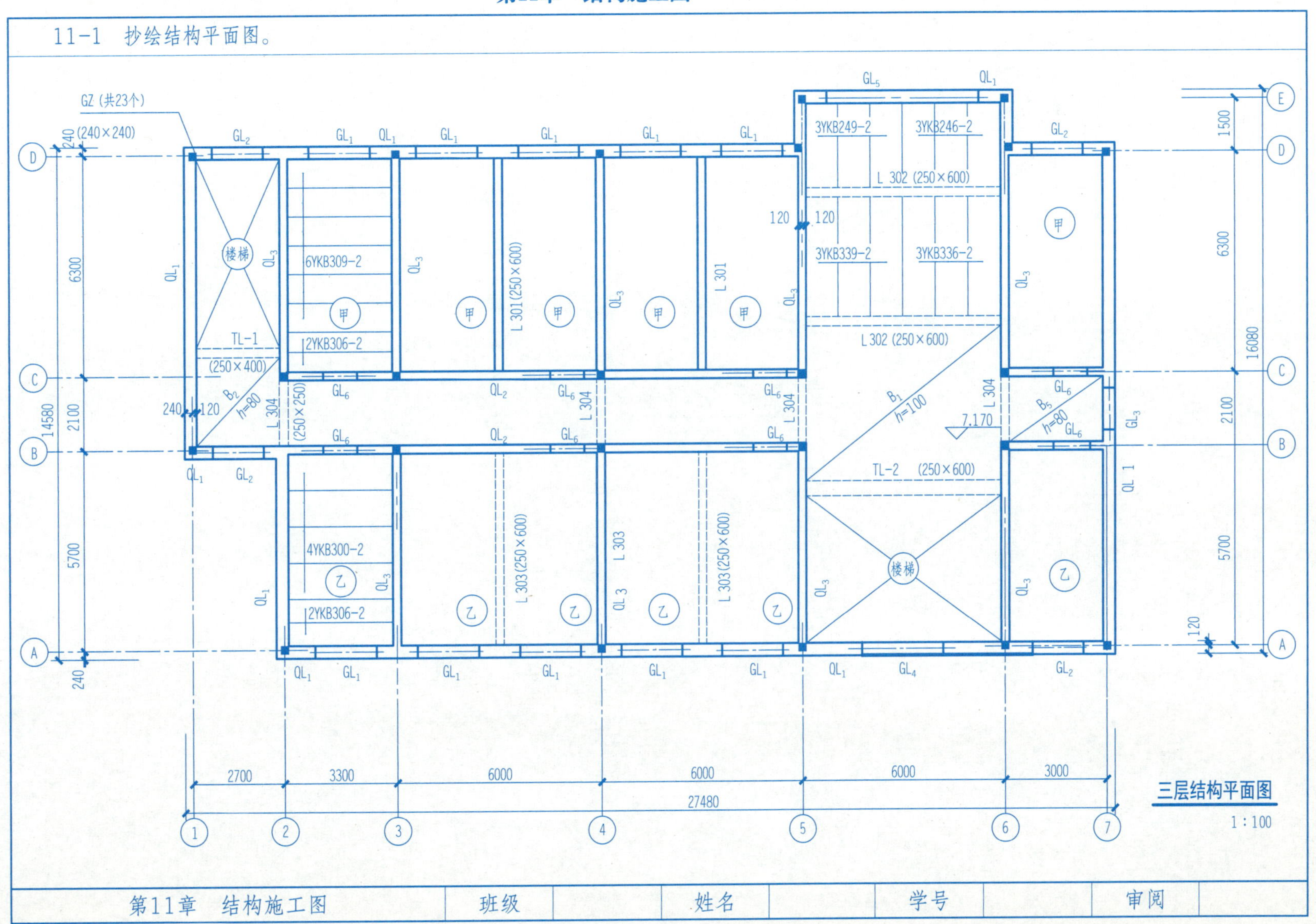

第11章　结构施工图	班级		姓名		学号		审阅	

学习指导（六）

一、目的

1. 熟悉钢筋混凝土梁的表达方法及图示内容特点。

2. 掌握钢筋混凝土梁的绘制方法。

二、绘图要求及注意事项

1. 图纸：A3幅面。

2. 图名：梁配筋图。

3. 比例：按照1：30的绘图比例绘制梁立面图，1：20比例绘制梁剖面图。

4. 绘图内容及要求：

（1）认真学习教材有关结构施工图的全部内容后再开始绘图作业。

（2）严格遵守国家制图标准规定。

（3）必须按照绘图步骤进行绘制。首先按照图形及比例计算图形的大小以及考虑尺寸线的位置进行布图，然后先用底稿线画出墙体的定位轴线、梁剖面图的轮廓、钢筋和保护层的位置，最后加深图线，标注尺寸完成全图。

（4）图线要求：建议粗线为0.7mm宽，其余各类型线宽符合线宽组规定，做到粗细分明。梁立面图中的钢筋用粗线，剖面图的箍筋用中线。

（5）字体要求：汉字用长仿宋字，图名采用7号字，尺寸数字用3.5mm字高的长仿宋字。

第11章　结构施工图	班级		姓名		学号		审阅	

11-2 阅读钢筋混凝土梁配筋立面图及已知的断面图，用A3图纸抄绘已知的配筋立面图、断面图，补画其他断面图。

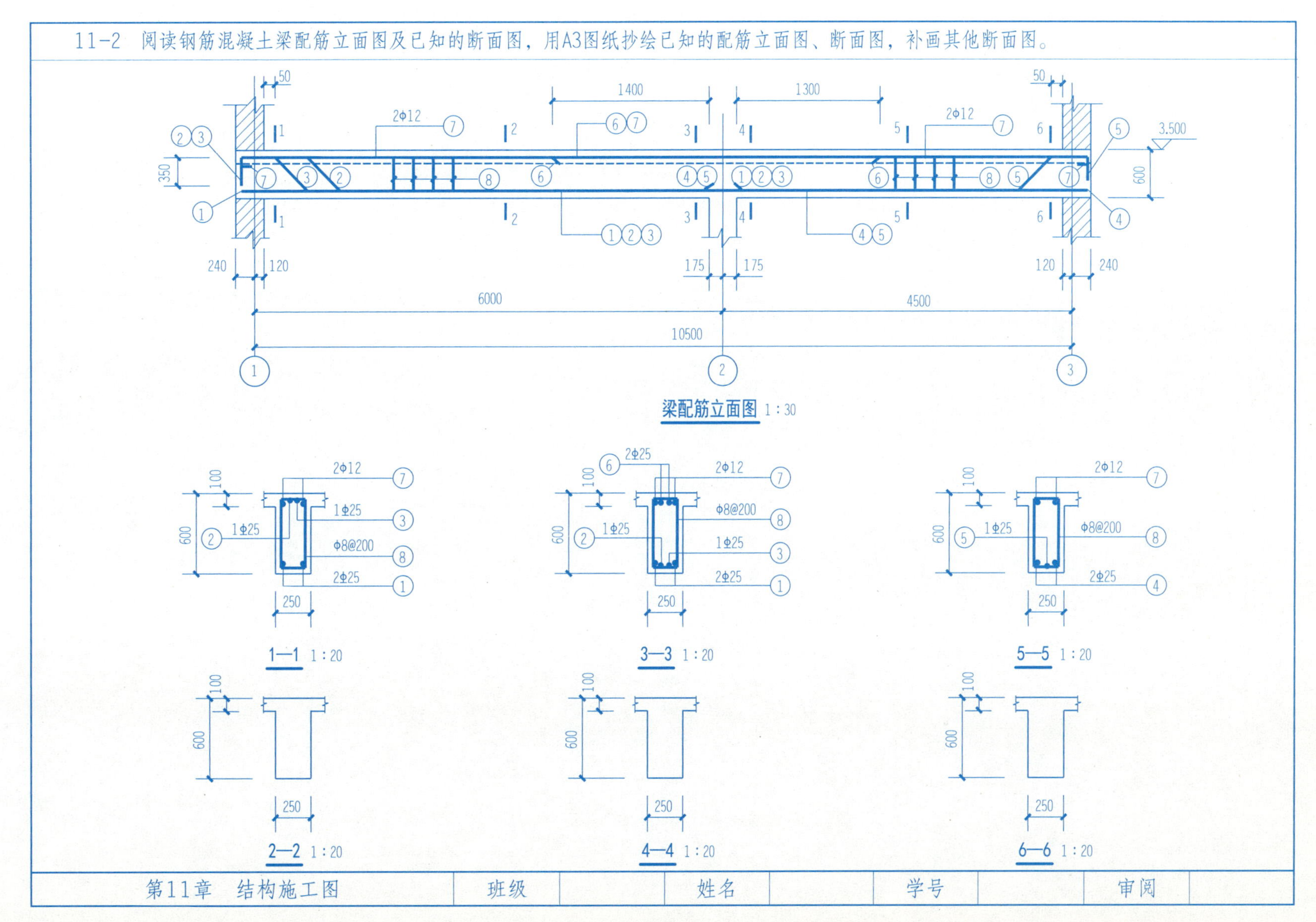

第11章 结构施工图 | 班级 | 姓名 | 学号 | 审阅

11-3 抄绘基础平面图。

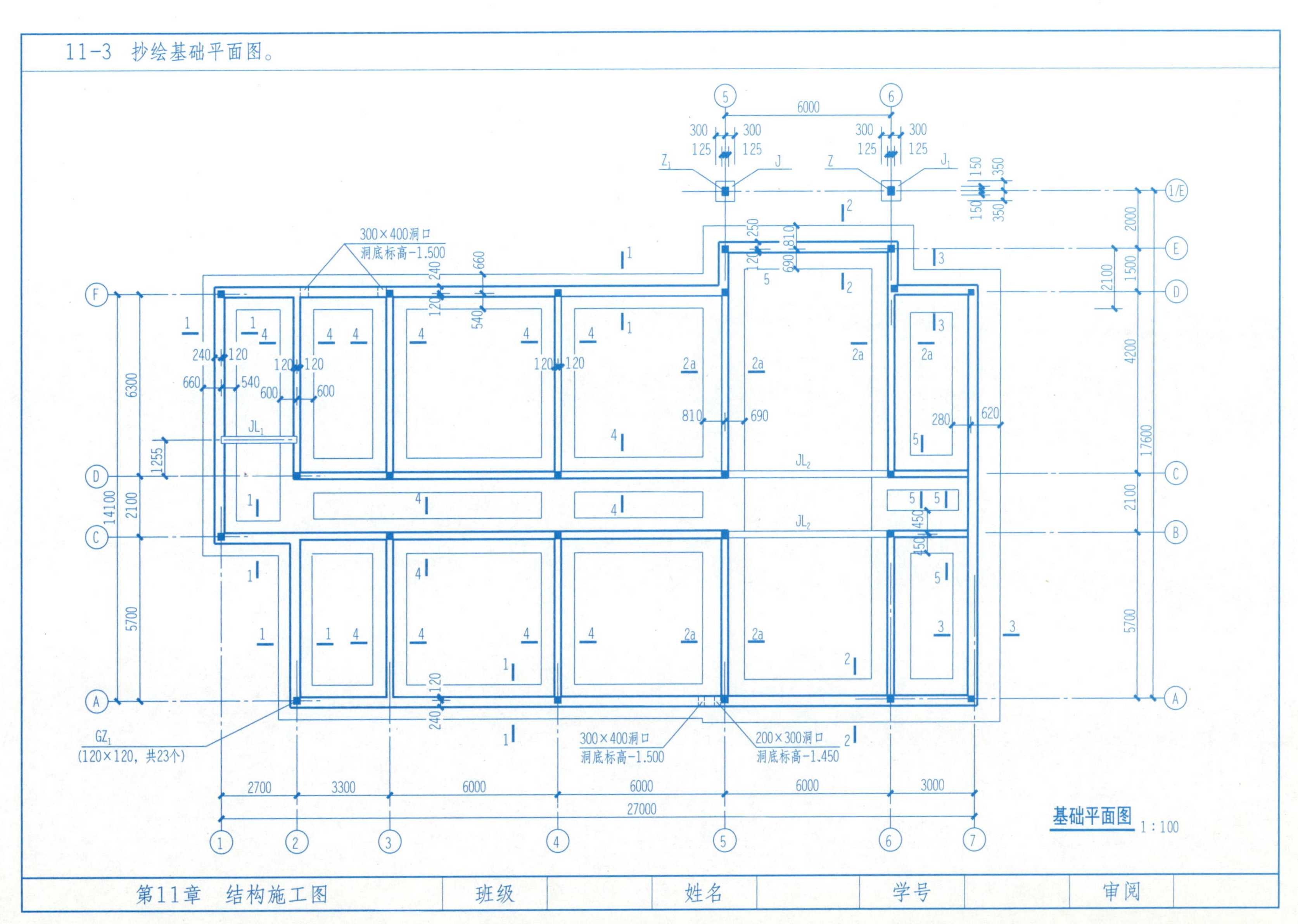

第11章 结构施工图	班级		姓名		学号		审阅	

11-4 抄绘基础断面图。

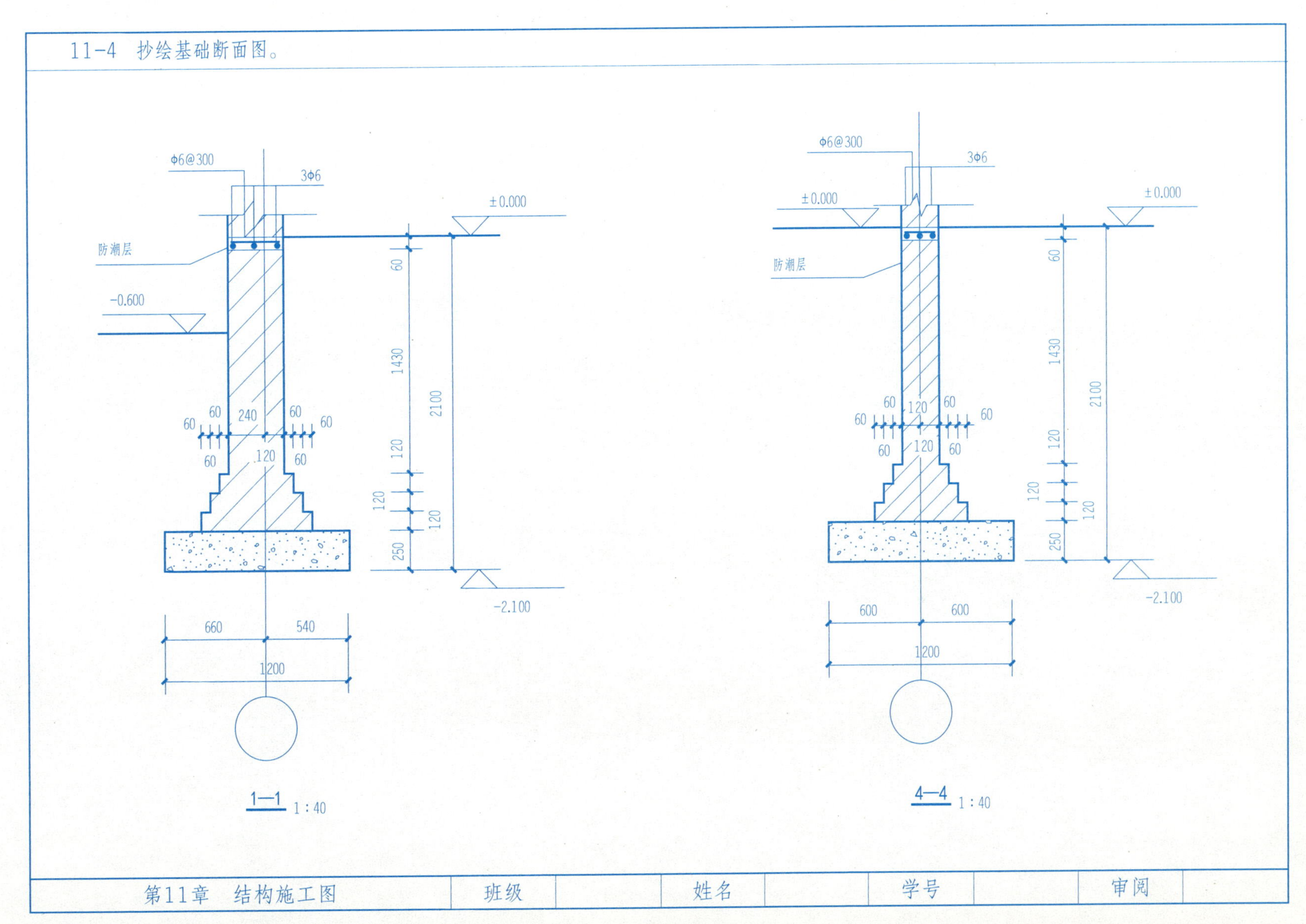

第11章 结构施工图	班级		姓名		学号		审阅	

12-1 阅读96～98页的某办公楼给水排水施工图，在清楚该给水排水工程的基础上，用一张A3图纸抄绘给水排水平面图、给水系统图和排水系统图。

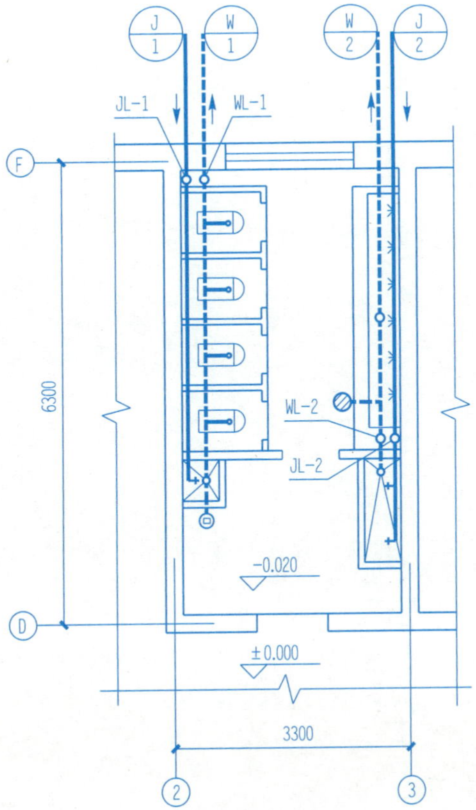

底层给水排水平面图 1:50

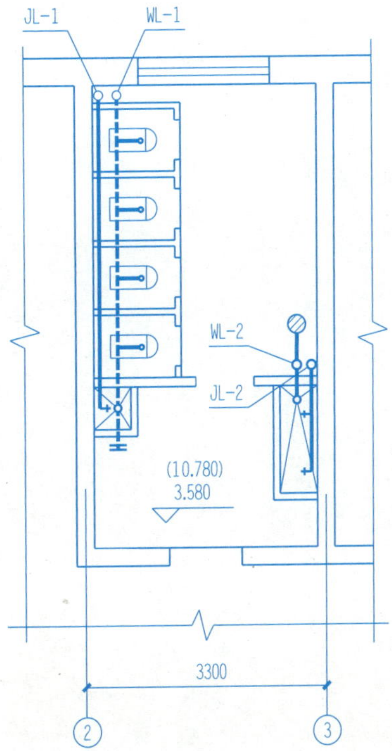

二、四层给水排水平面图 1:50

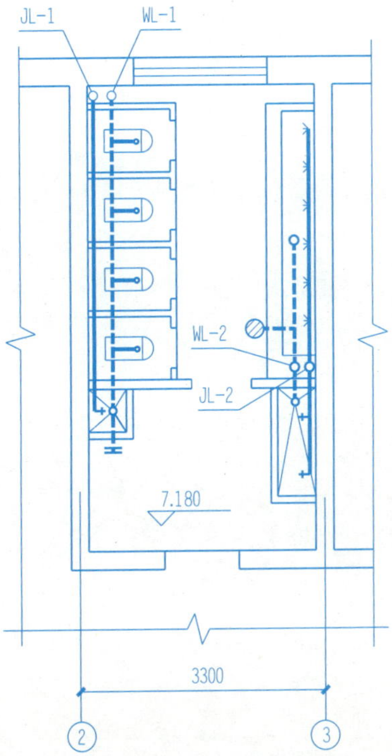

三层给水排水平面图 1:50

第12章 设备施工图	班级		姓名		学号		审阅	

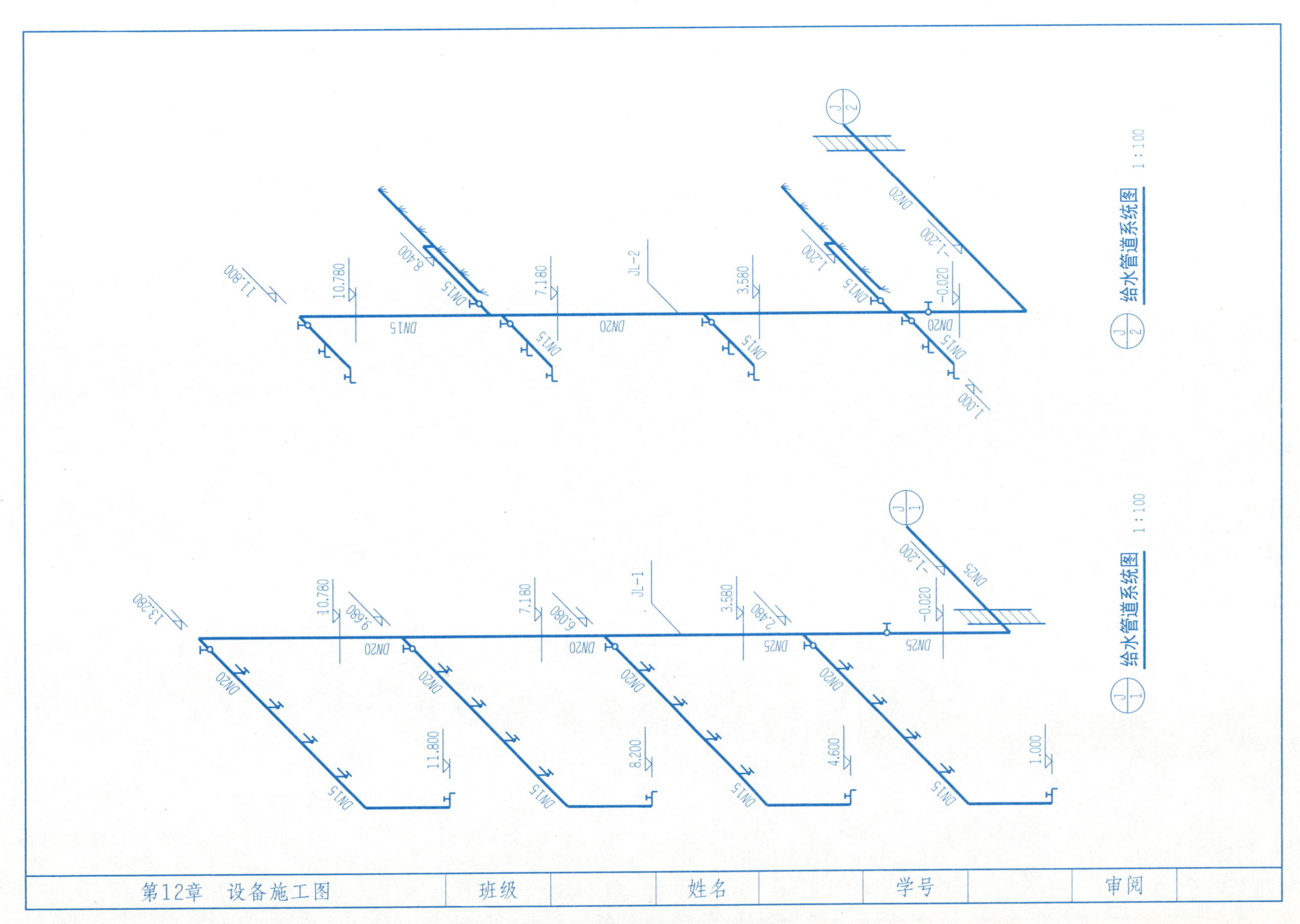

第12章　设备施工图	班级		姓名		学号		审阅	

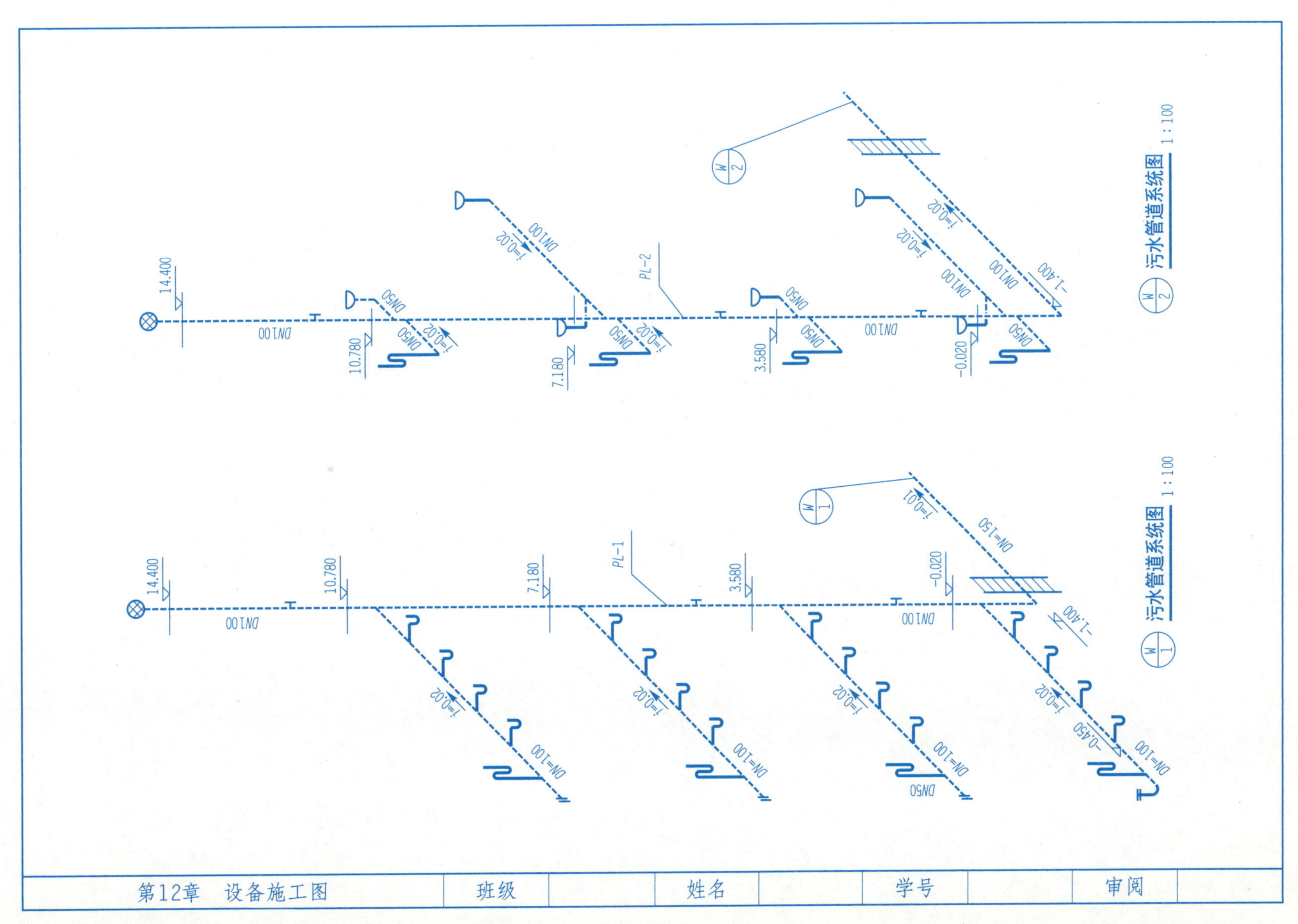

第12章 设备施工图	班级		姓名		学号		审阅	

12-2 阅读99～103页的某办公楼采暖施工图，在清楚该采暖工程基础上，用一张A3图纸抄绘采暖平面图、系统图(绘制的图样由教师指定)。

一层采暖平面图 1∶100

第12章 设备施工图	班级		姓名		学号		审阅	

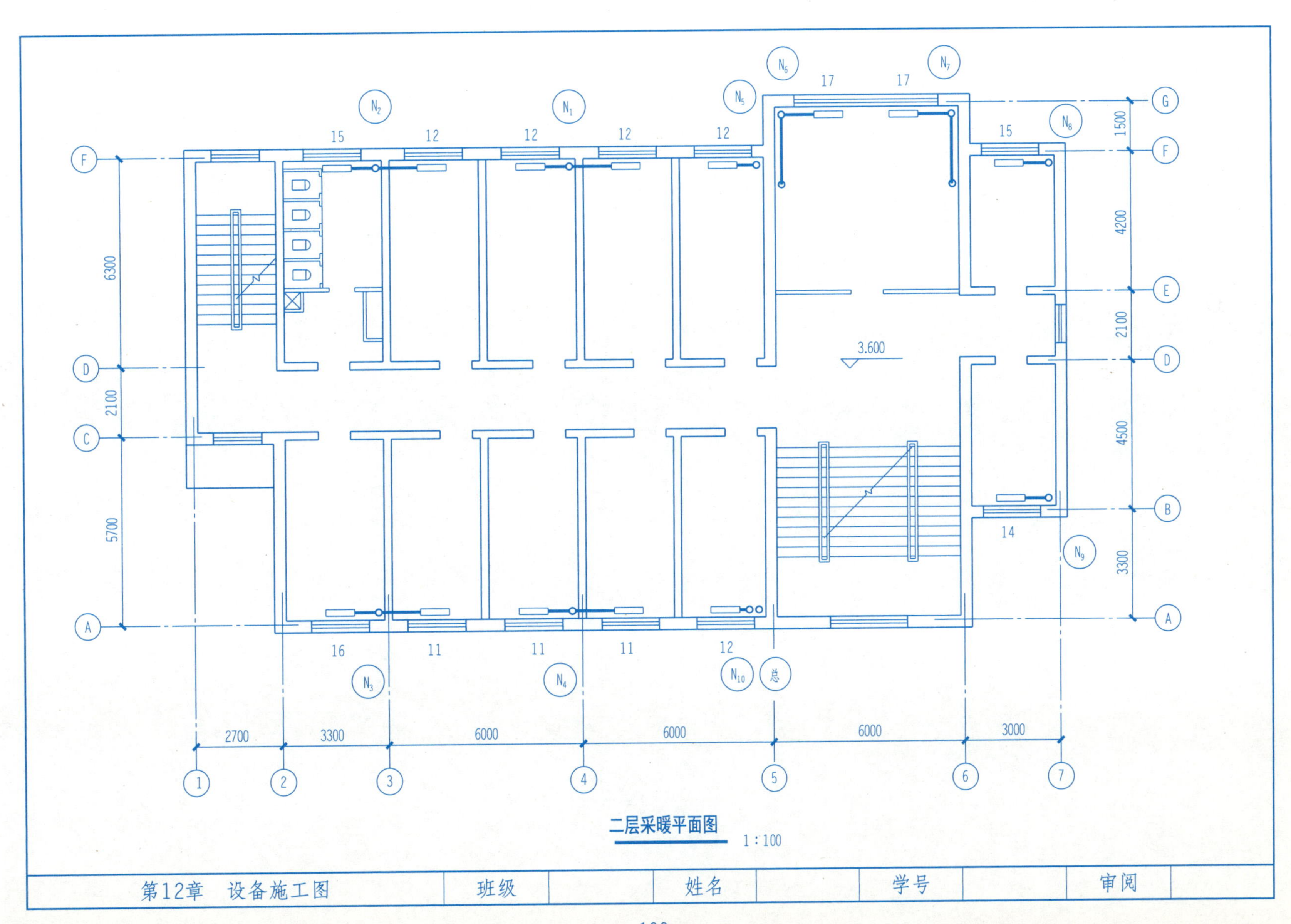

二层采暖平面图 1:100

第12章 设备施工图	班级		姓名		学号		审阅	

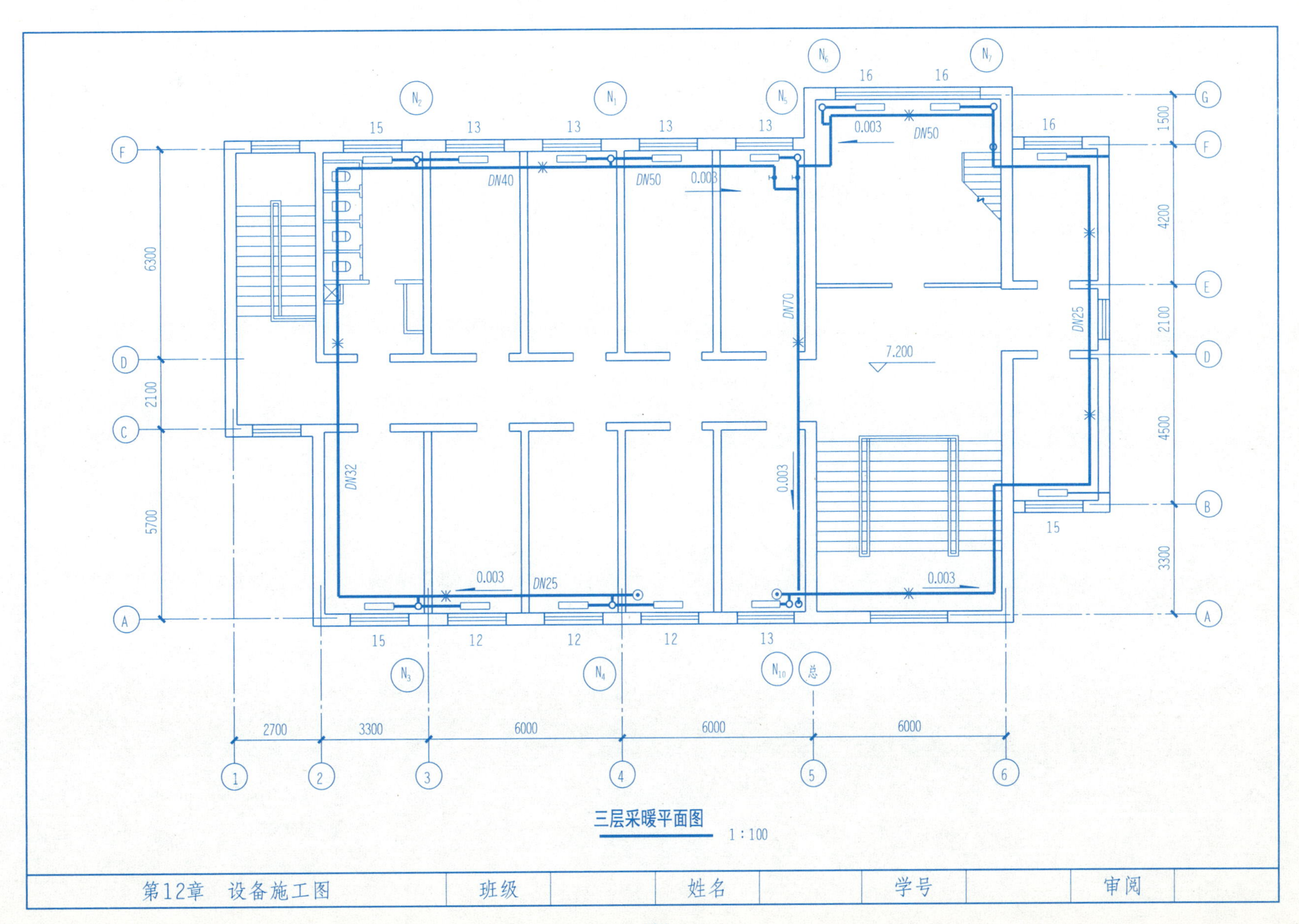

第12章　设备施工图	班级		姓名		学号		审阅	

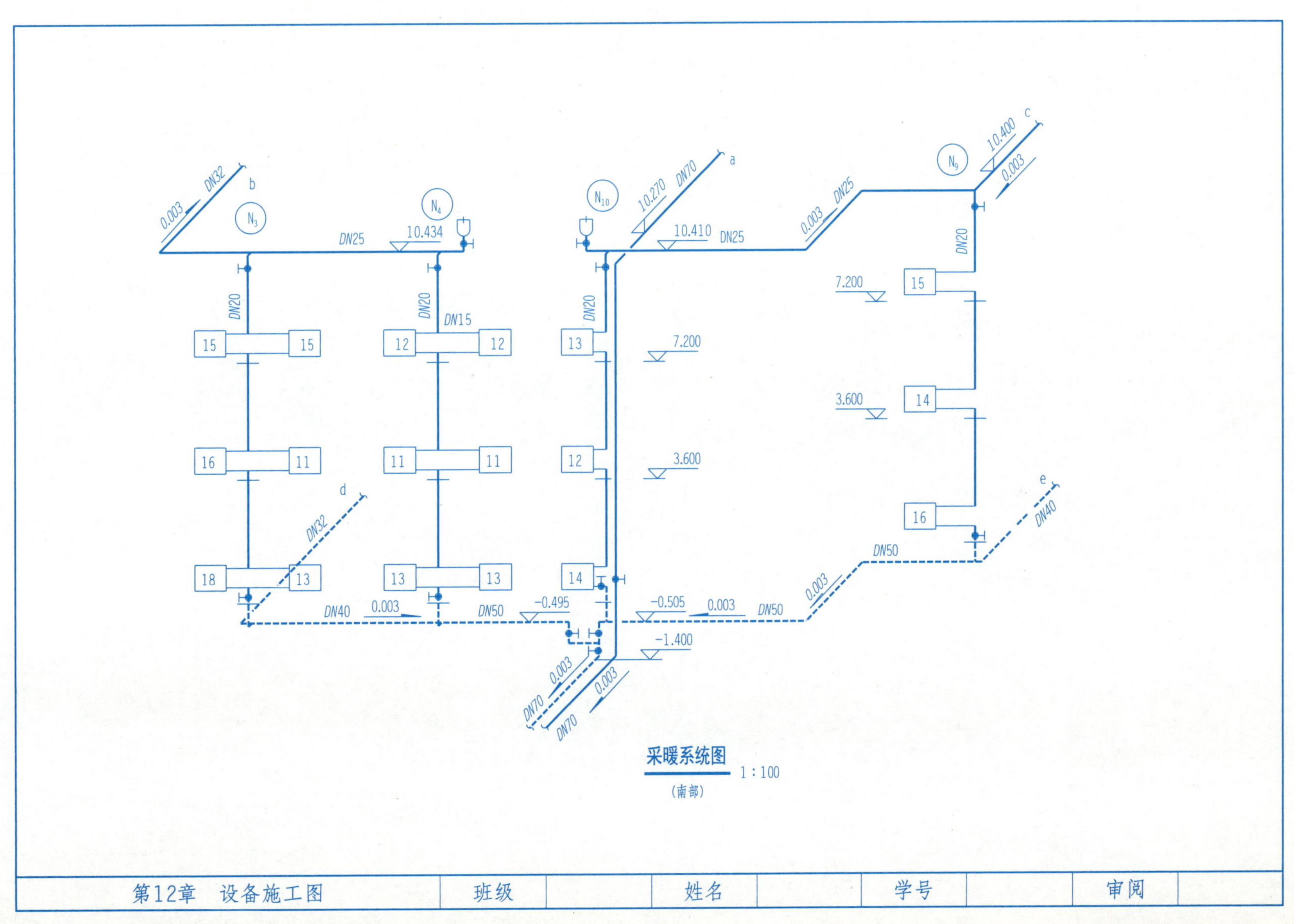

采暖系统图 1:100

(南部)

第12章　设备施工图	班级		姓名		学号		审阅	

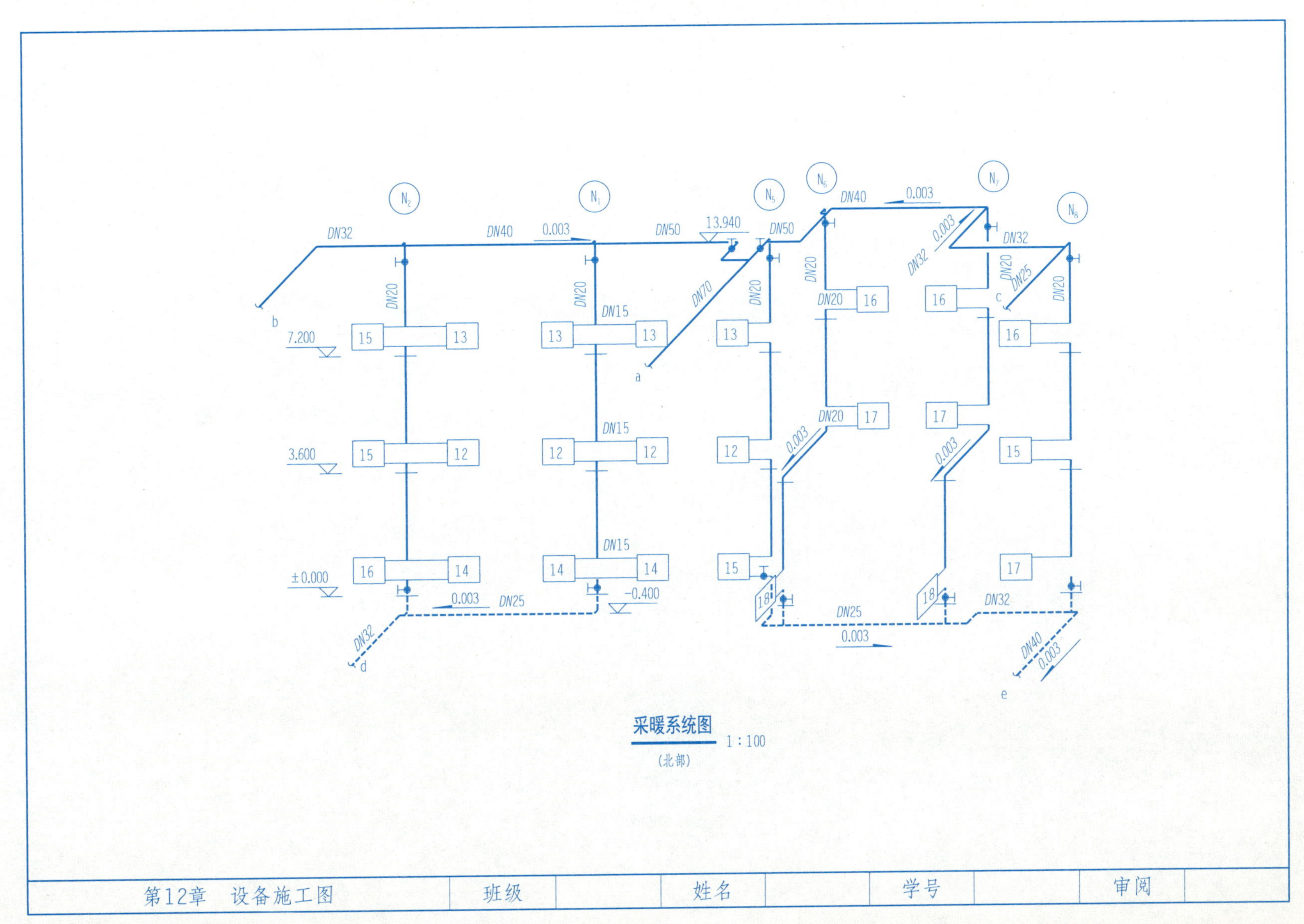

采暖系统图 1：100
(北部)

12-3 阅读104～107页的某办公楼电气施工图，在清楚该电气工程基础上，用一张A3图纸抄绘电气平面图、系统图(绘制的图样由教师指定)。

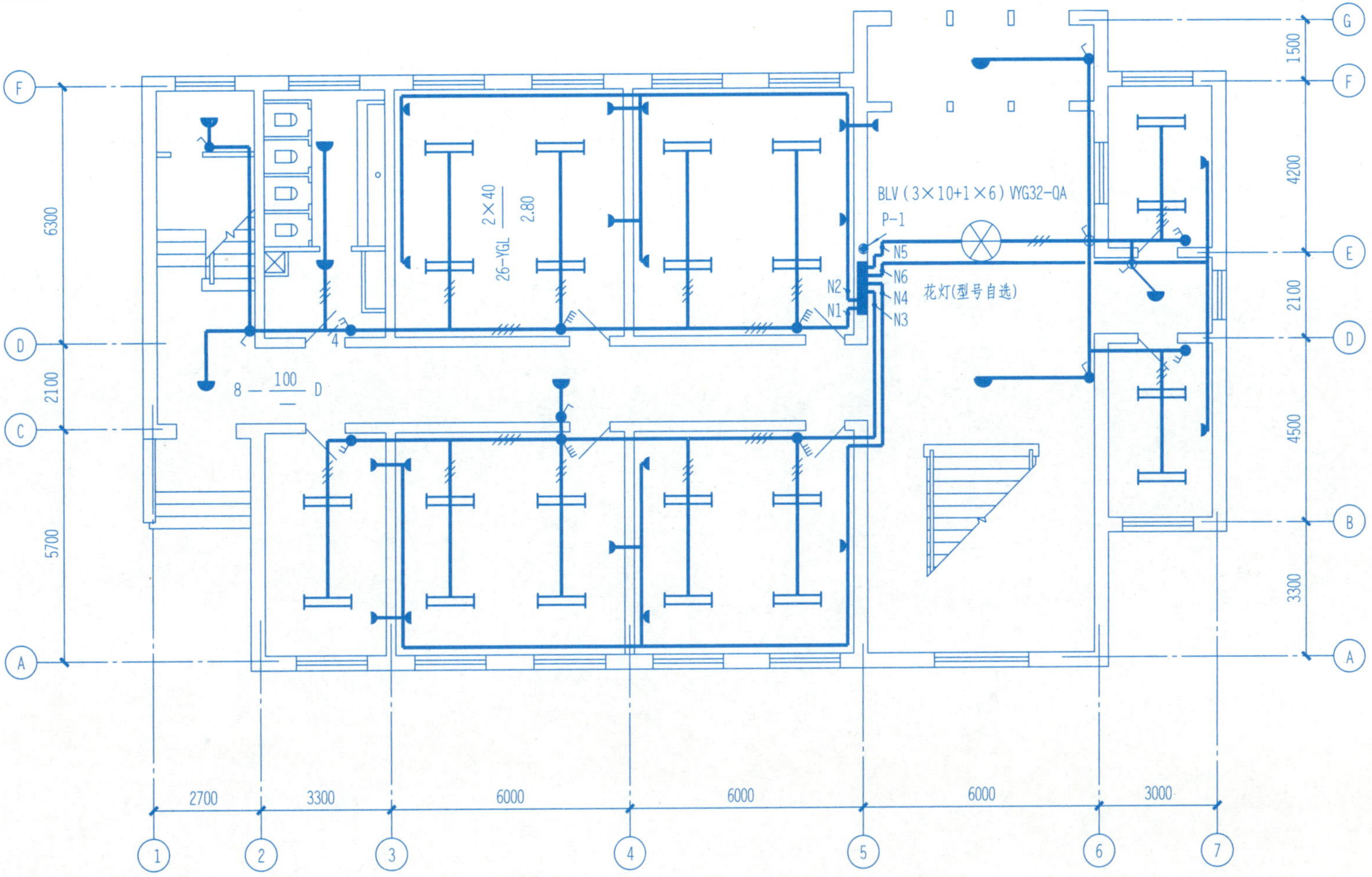

一层照明平面图 1:100

第12章 设备施工图	班级		姓名		学号		审阅	

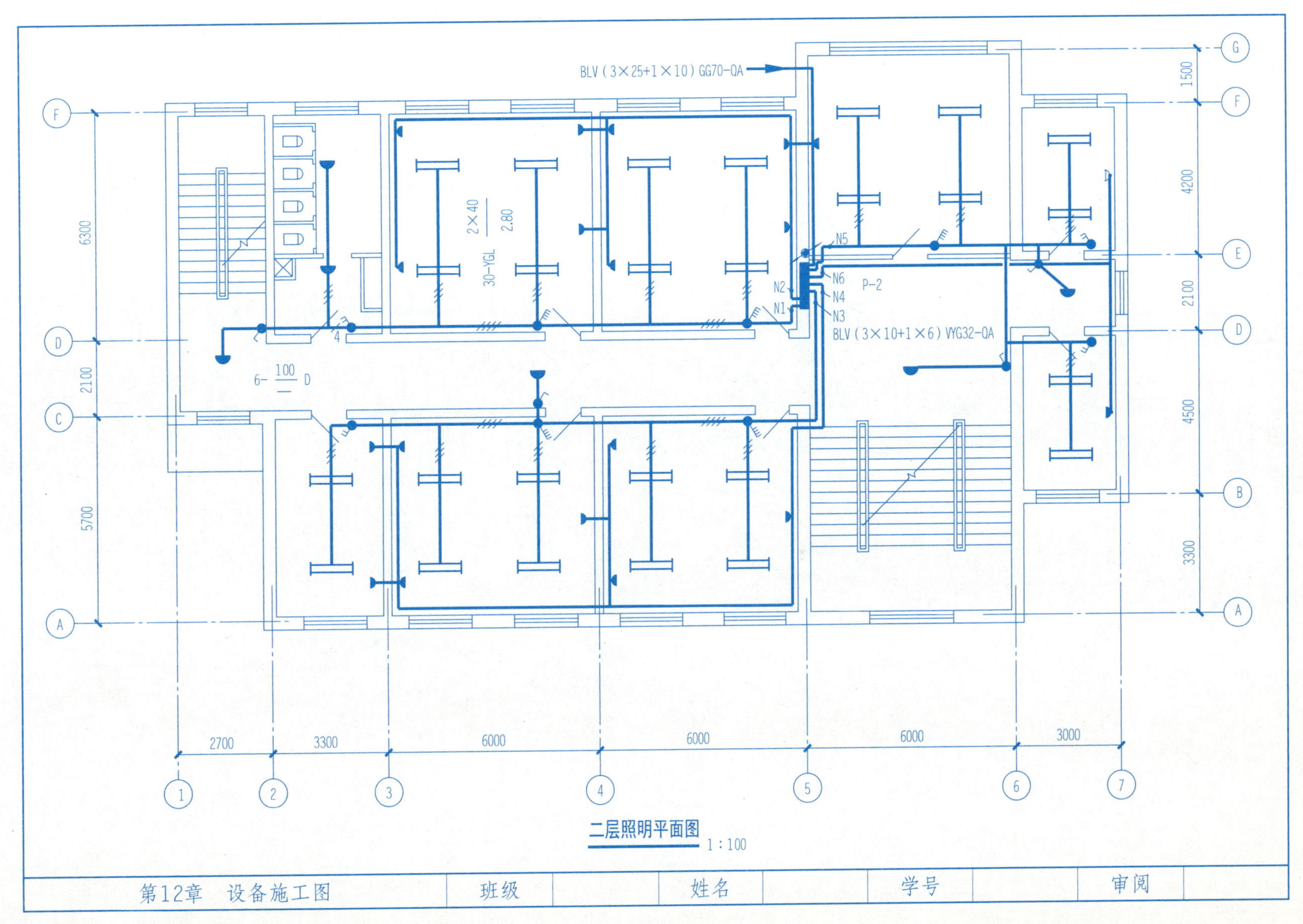

第12章　设备施工图	班级		姓名		学号		审阅	

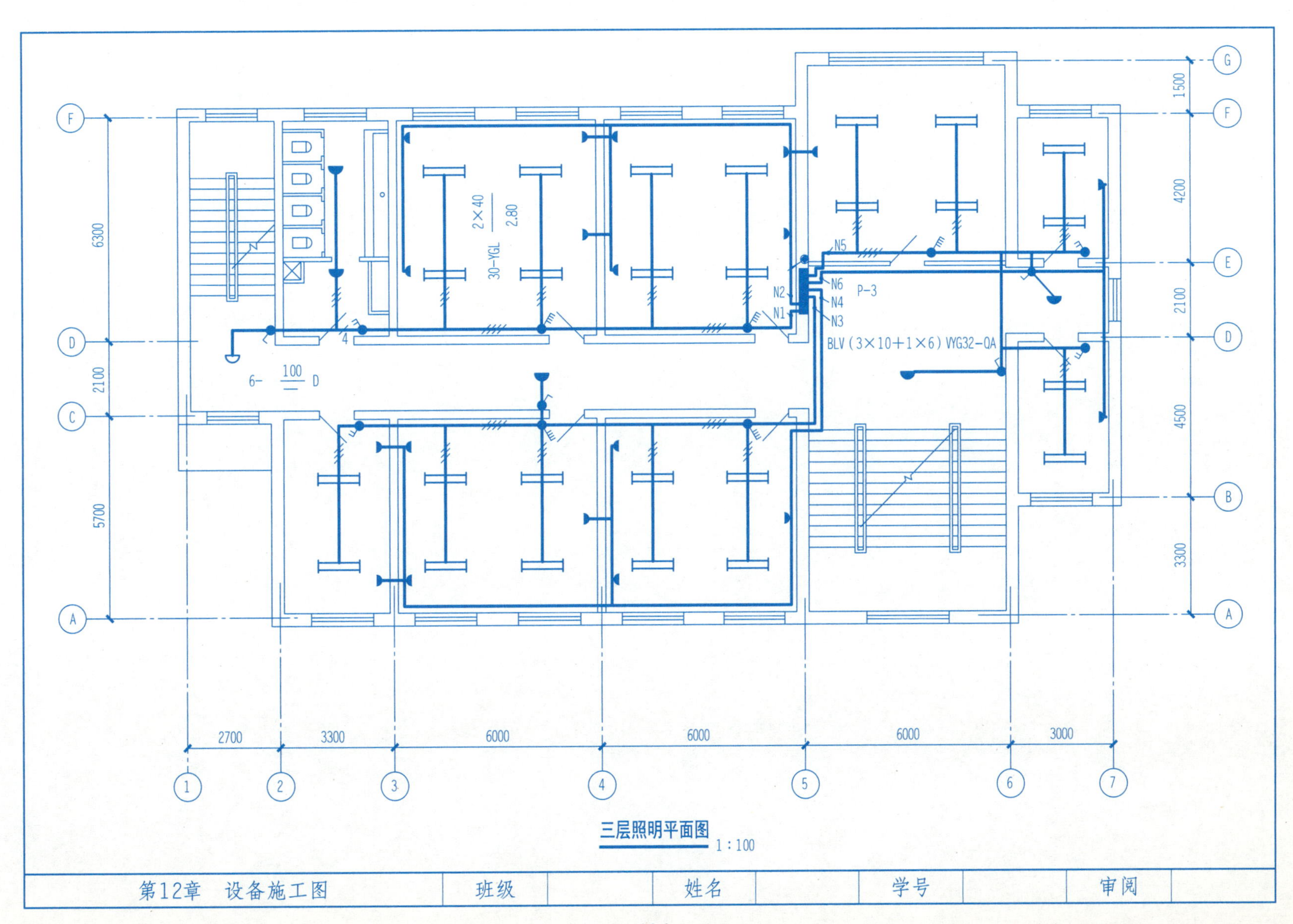

三层照明平面图 1：100

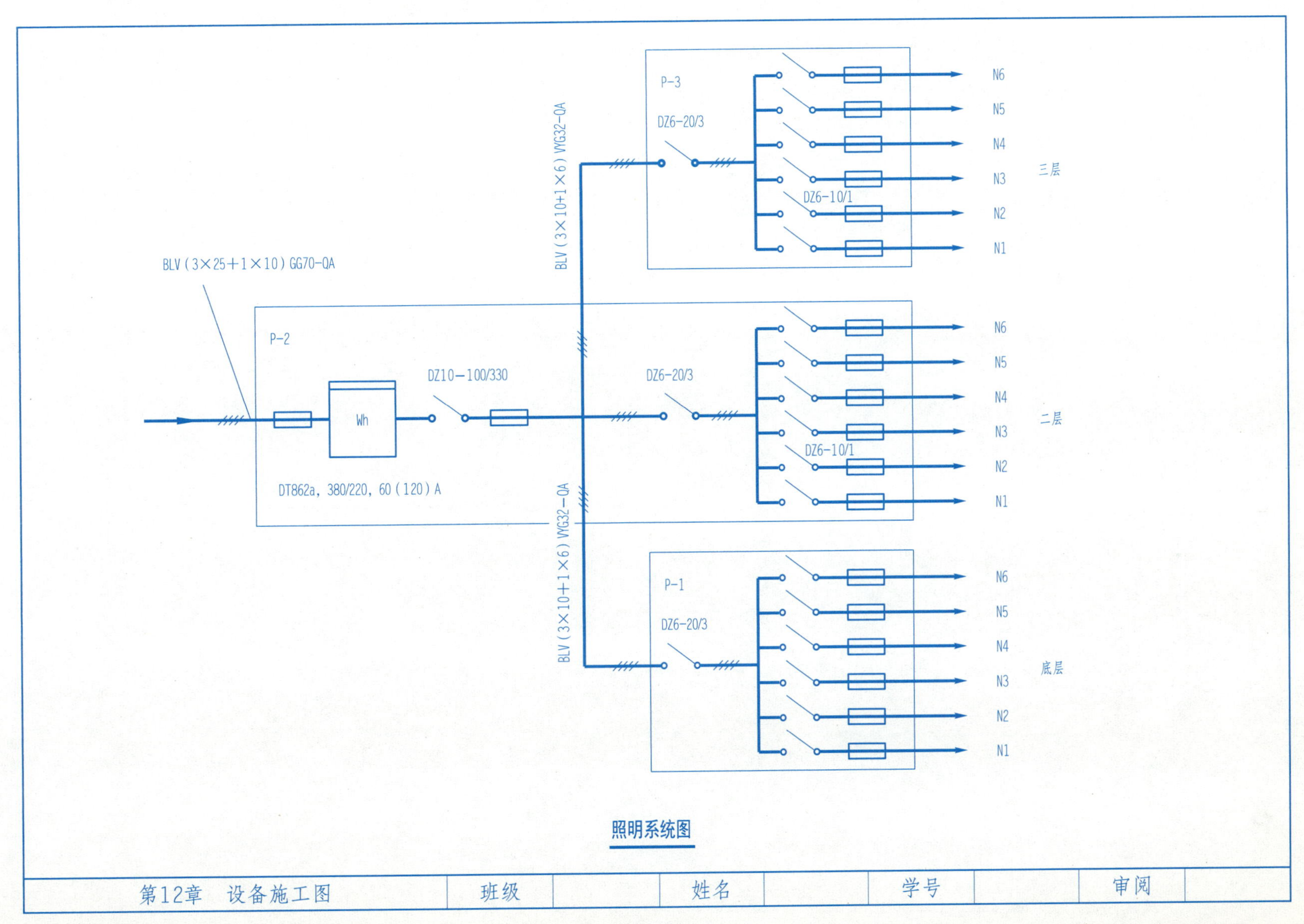

照明系统图

第12章　设备施工图	班级		姓名		学号		审阅	

13-1　由装配图拆画机架、轴、轴套的零件图并注出相应的基本尺寸和公差带代号（未注尺寸从图中量取）。

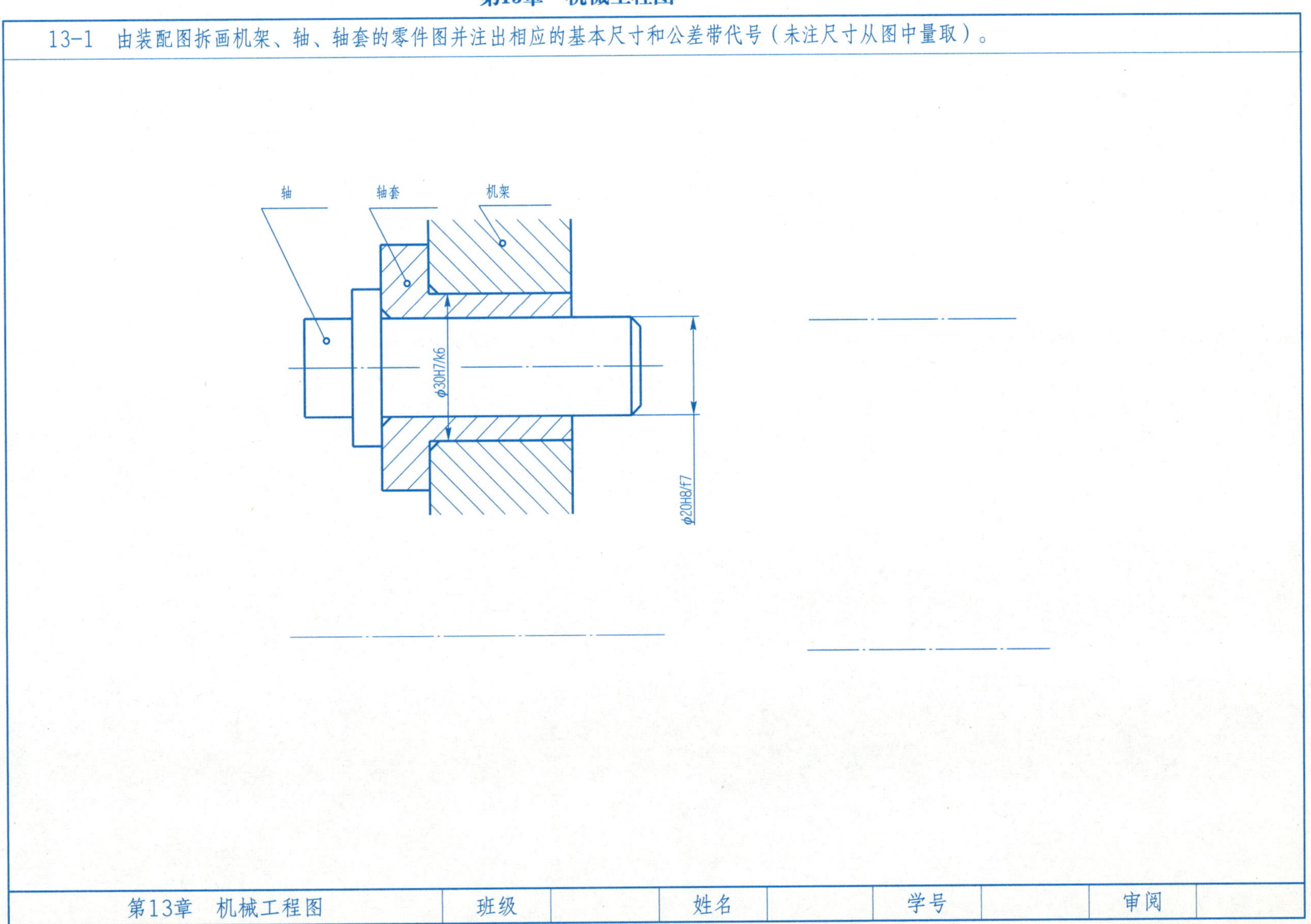

第13章　机械工程图	班级		姓名		学号		审阅	

13-2　用2∶1比例将轴套的零件图抄画在A3图纸上。

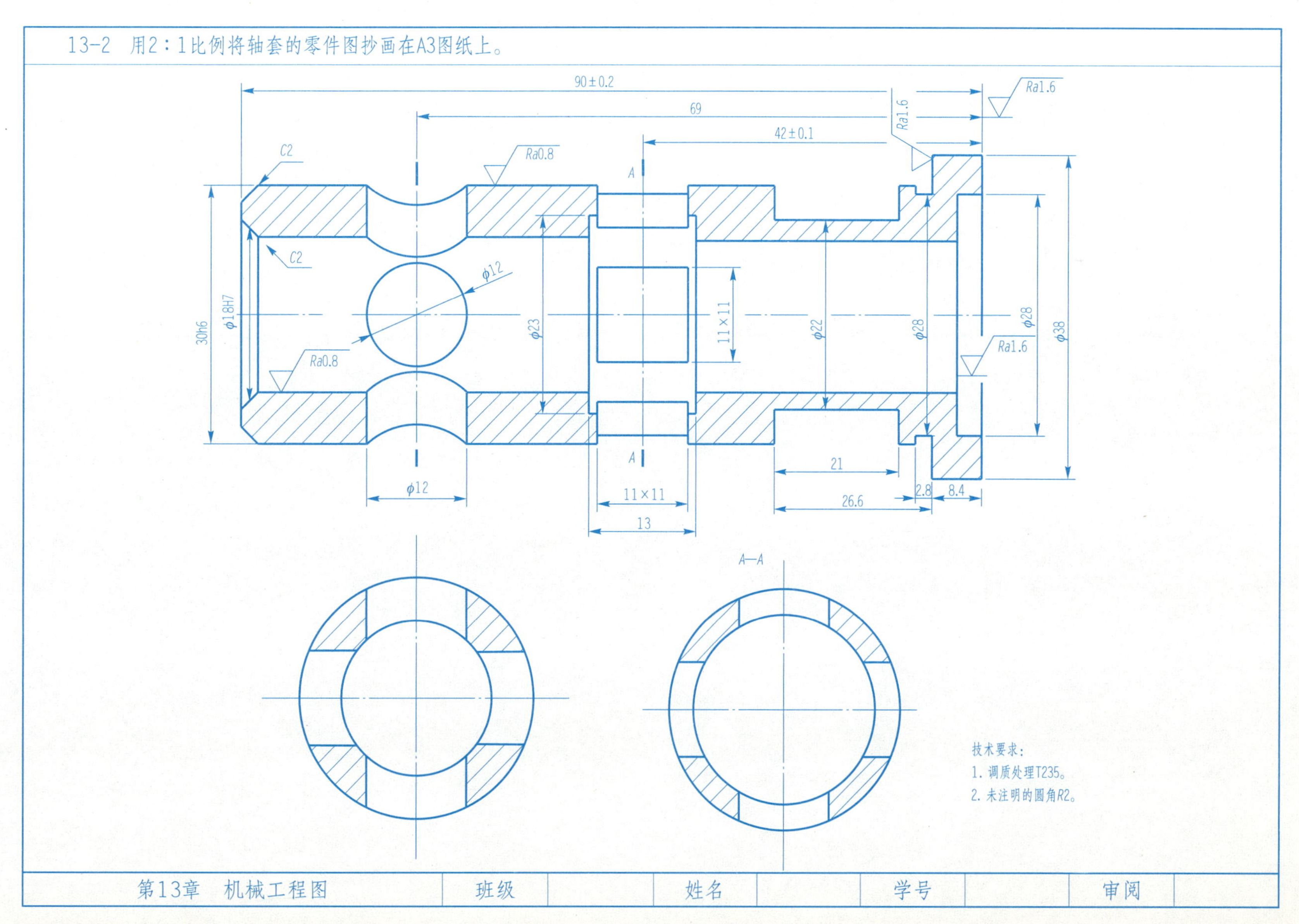

第13章　机械工程图	班级		姓名		学号		审阅	

13-3　参照装配示意图，由零件图拼画装配图。

1．行程开关的工作原理

行程开关是气动控制系统中的位置检测元件。阀芯在外力作用下，克服弹簧阻力左移，打开气源口与发信口的通道，封闭泄流口，输出信号；外力消失，阀芯复位，关闭气源口与发信口的通道。

2．具体要求

（1）选用A4图幅，按照2：1的比例，完整清晰地表达该部件的工作原理和装配关系。

（2）标注必要的尺寸。

（3）编注零件序号，填写标题栏和明细栏。

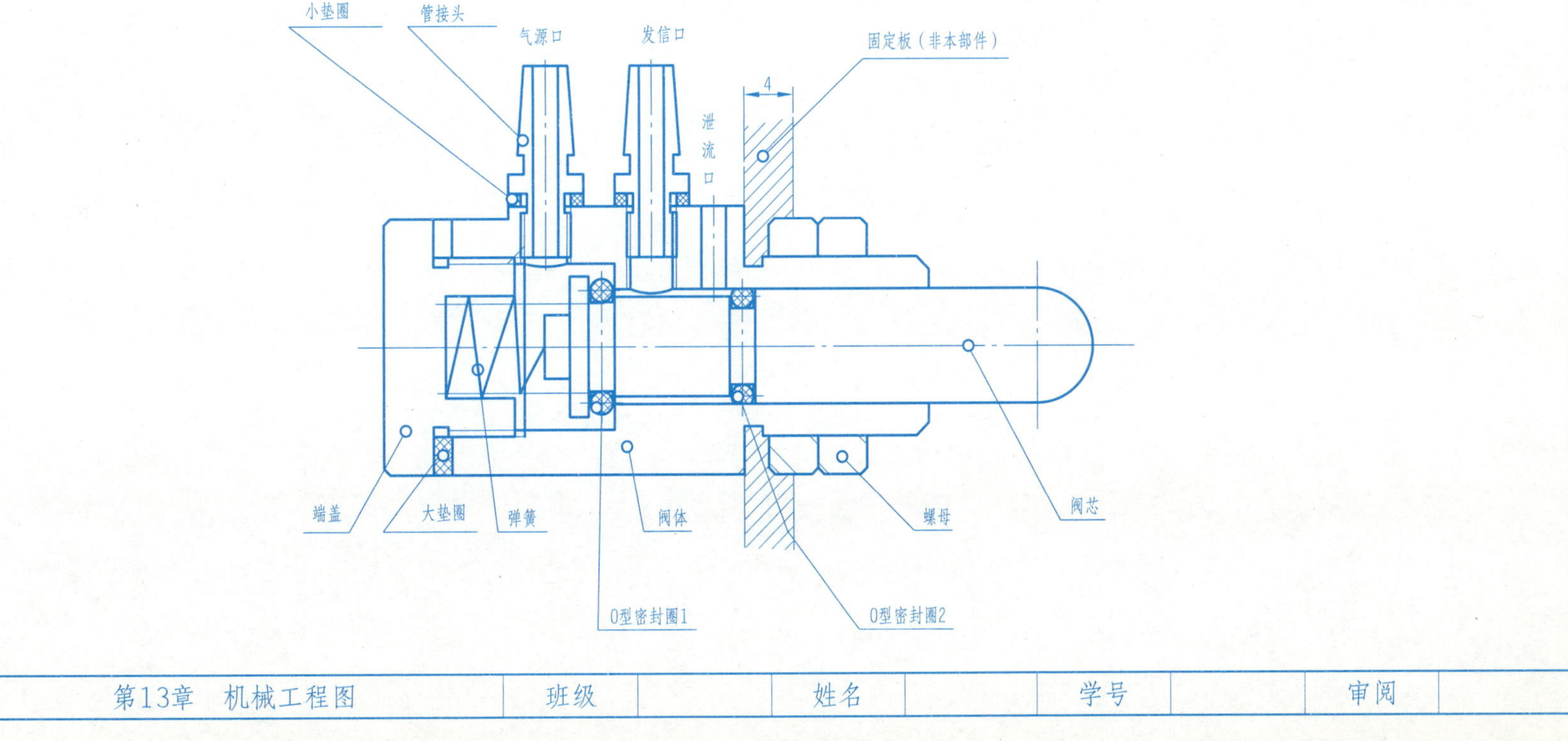

第13章　机械工程图	班级		姓名		学号		审阅	

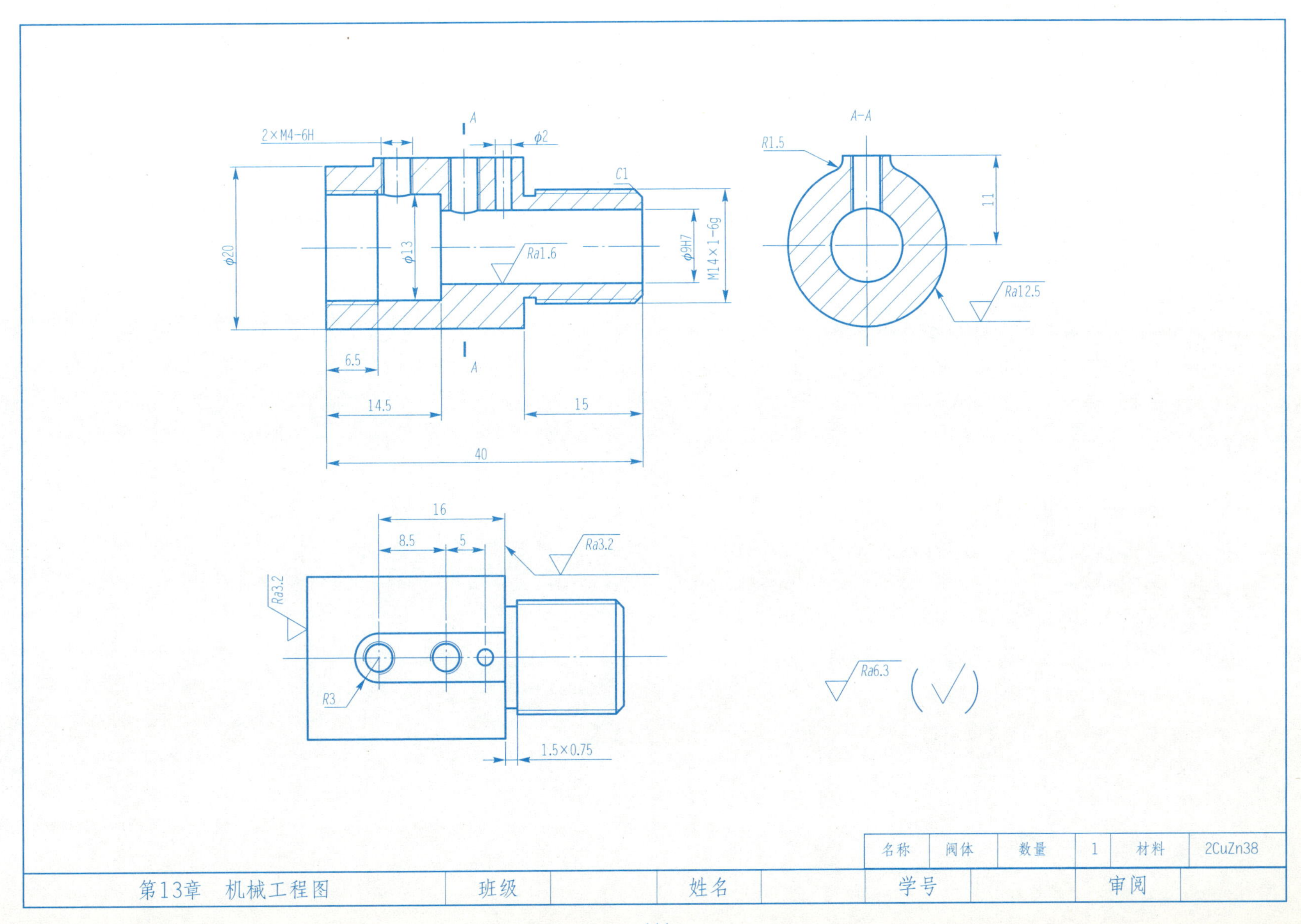
A
A-A
2×M4-6H
φ2
C1
R1.5
φ20
φ13
Ra1.6
φ9H7
M14×1-6g
11
Ra12.5
6.5
14.5
15
40
16
8.5
5
Ra3.2
Ra3.2
R3
1.5×0.75
Ra6.3
(√)
名称
阀体
数量
1
材料
2CuZn38
第13章　机械工程图
班级
姓名
学号
审阅

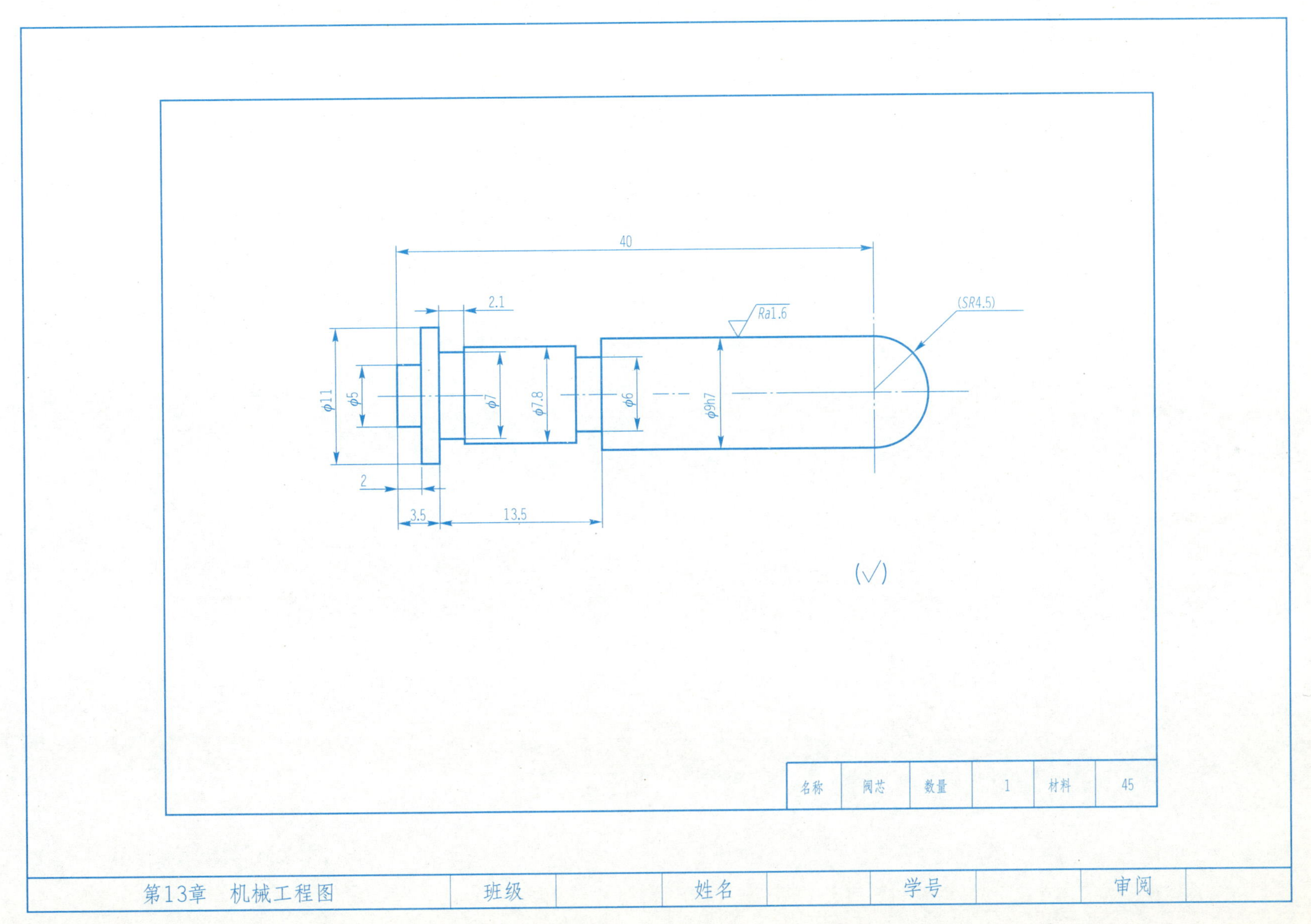
40
2.1
Ra1.6
(SR4.5)
φ11
φ5
φ7
φ7.8
φ6
φ9h7
2
3.5
13.5
(√)
名称
阀芯
数量
1
材料
45
第13章　机械工程图
班级
姓名
学号
审阅

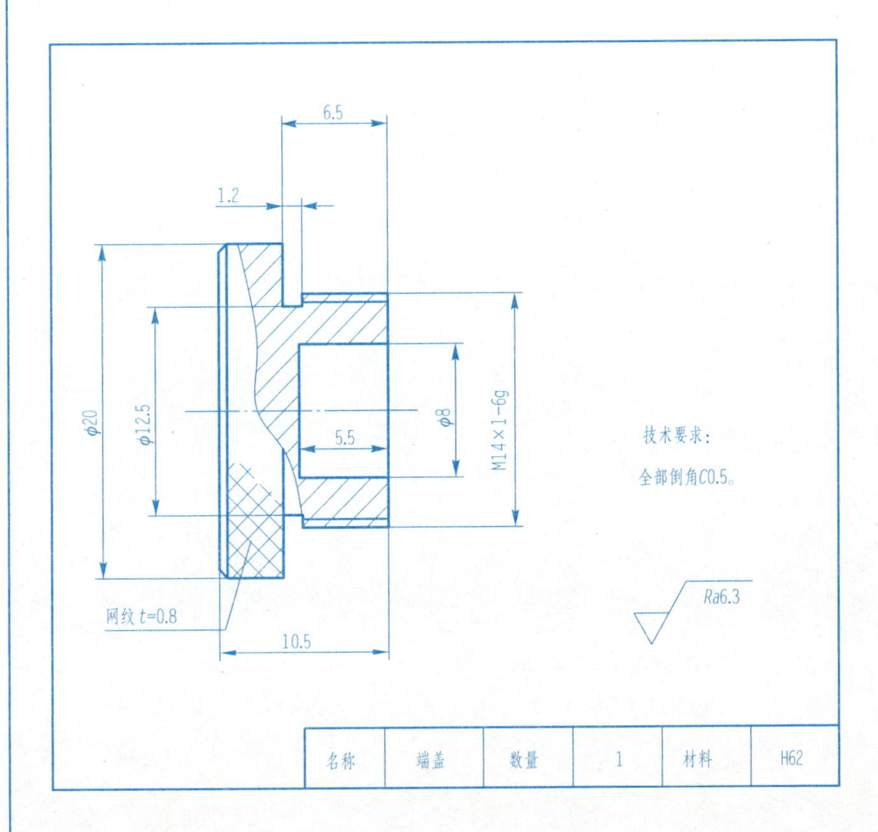

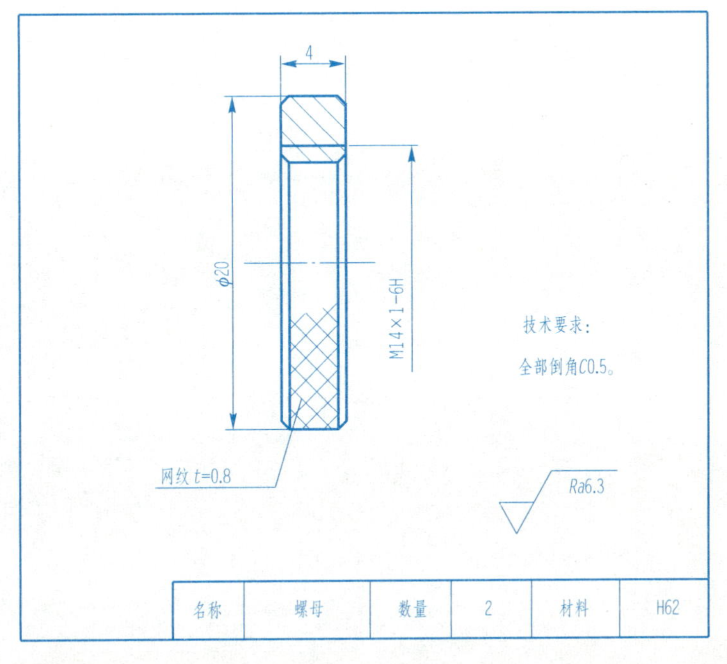

第13章　机械工程图	班级		姓名		学号		审阅	

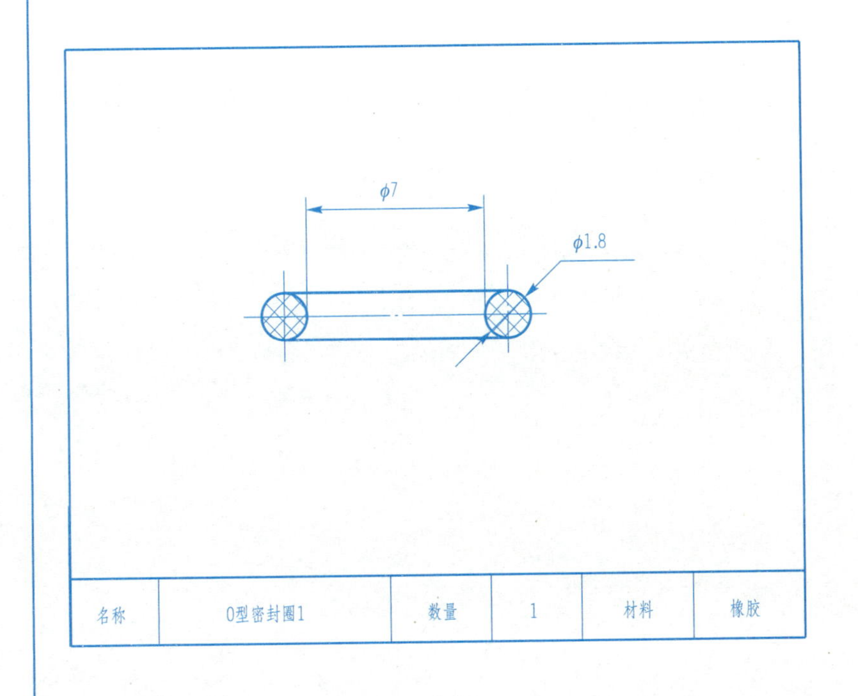

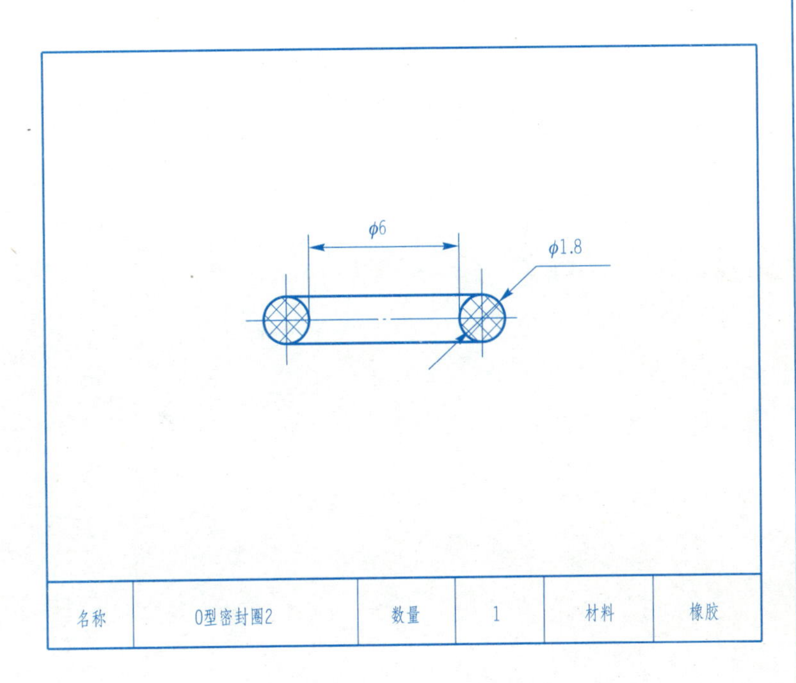

第13章　机械工程图	班级		姓名		学号		审阅	

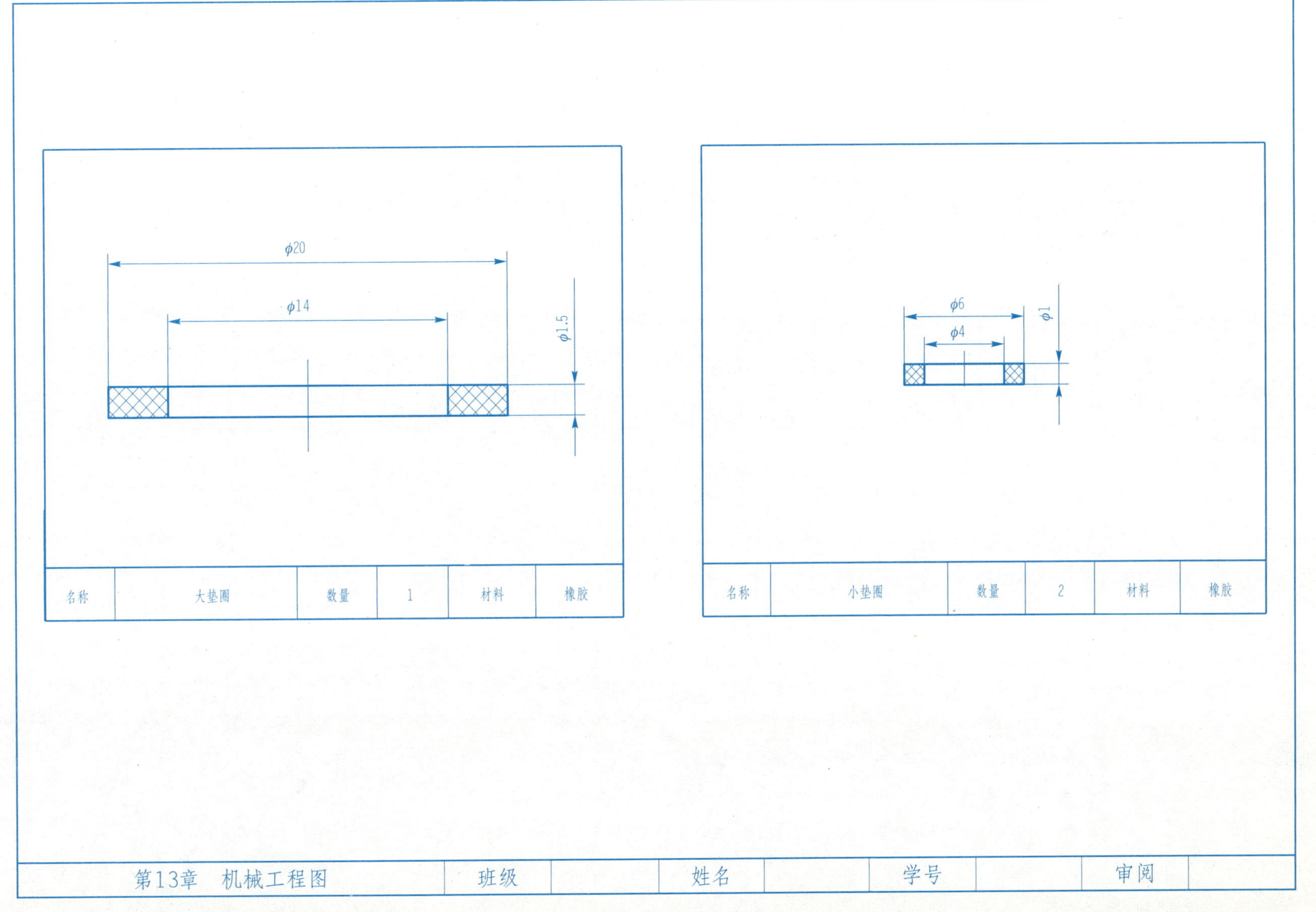

φ20
φ14
φ1.5
名称
大垫圈
数量
1
材料
橡胶
φ6
φ4
φ1
名称
小垫圈
数量
2
材料
橡胶
第13章 机械工程图
班级
姓名
学号
审阅

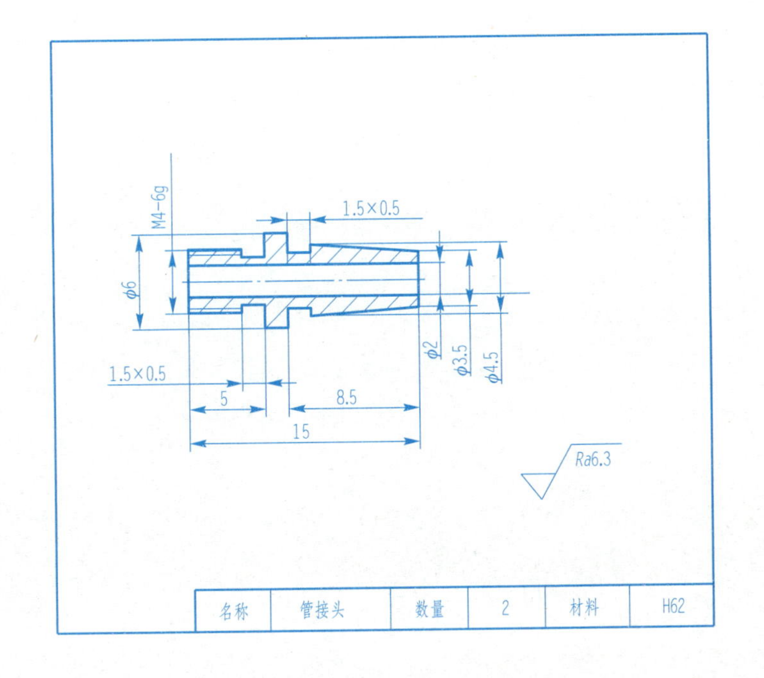

名称	管接头	数量	2	材料	H62

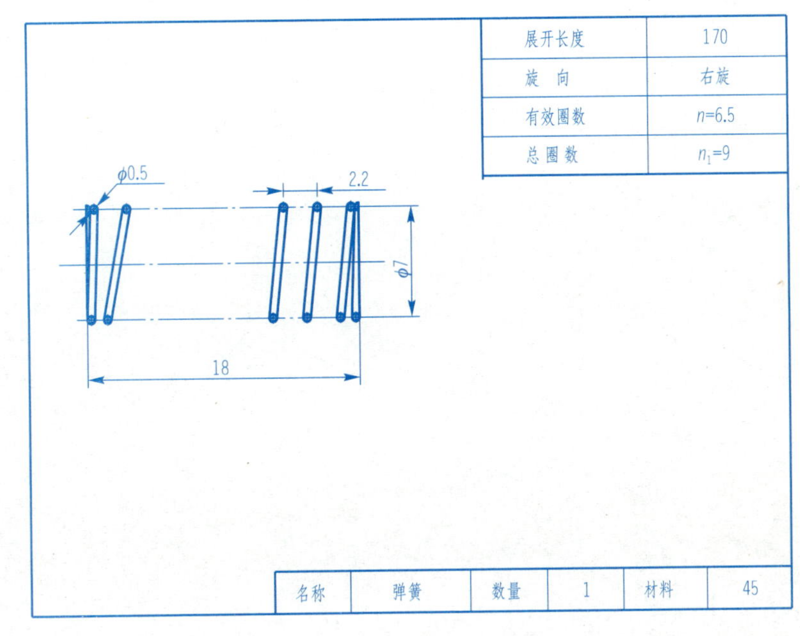

展开长度	170
旋　向	右旋
有效圈数	n=6.5
总圈数	n_1=9

名称	弹簧	数量	1	材料	45

第13章　机械工程图	班级		姓名		学号		审阅